コカ・コーラで
5兆円市場を
創った男

「黒いジュース」を日本一にした怪物
高梨仁三郎

市川覚峯
［監修］
太田猛
［著者］

WAVE出版

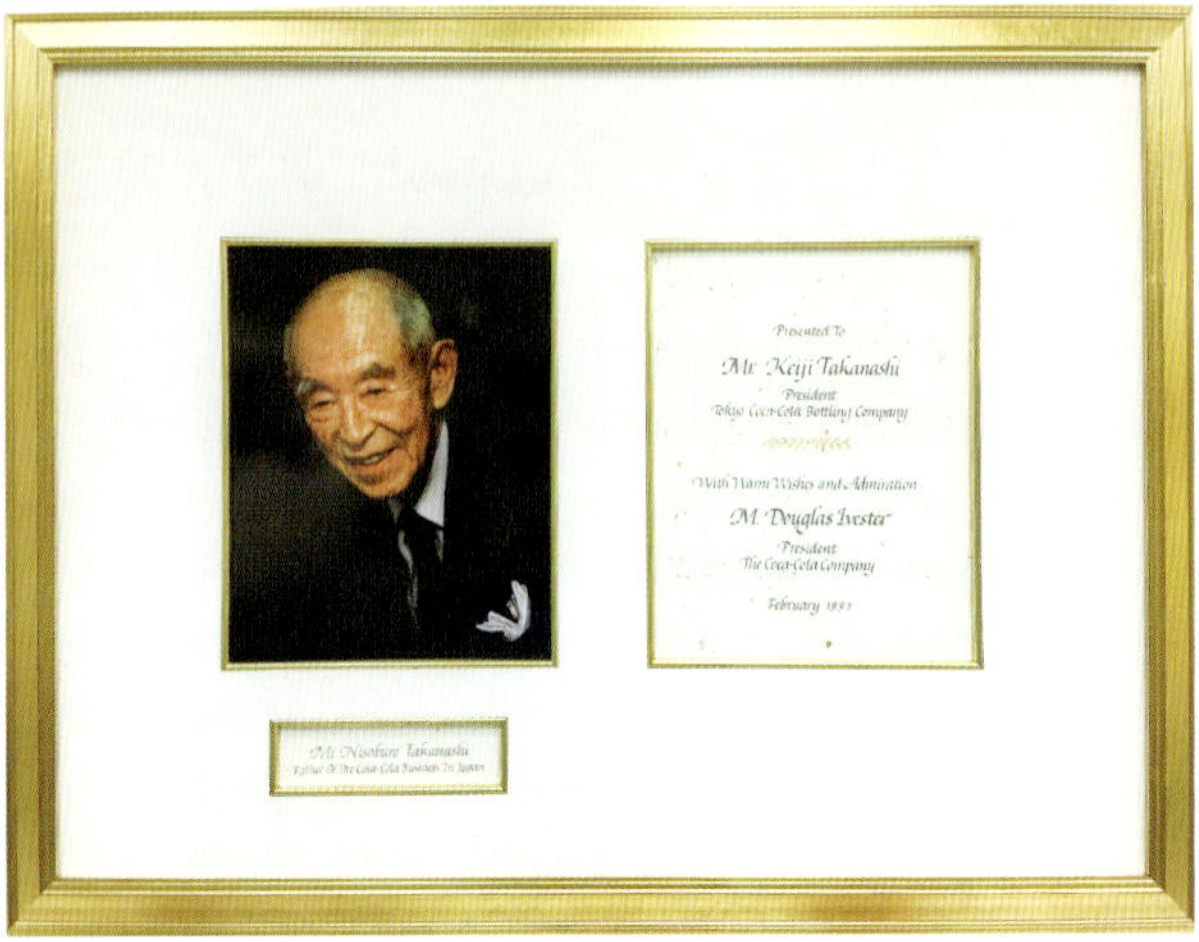

1984年、創業25周年記念式典で髙梨仁三郎は、ザ コカ・コーラカンパニーから「日本におけるコカ・コーラ創業の父」と表彰された。以下は、これを受けた本人の説明である。

この25年記念式典の席上、ザ コカ・コーラ・エクスポート・コーポレーションの取締役会の決議文が、日本コカ・コーラのジョン・W・ジョージャス社長を通じて私に贈られた。その内容は、日本におけるコカ・コーラ事業を成功に導いた永年の貢献に対する謝意の表明と、私を「日本のコカ・コーラ事業の創始者として正式に呼称する」というもので、全取締役の署名がなされていた。

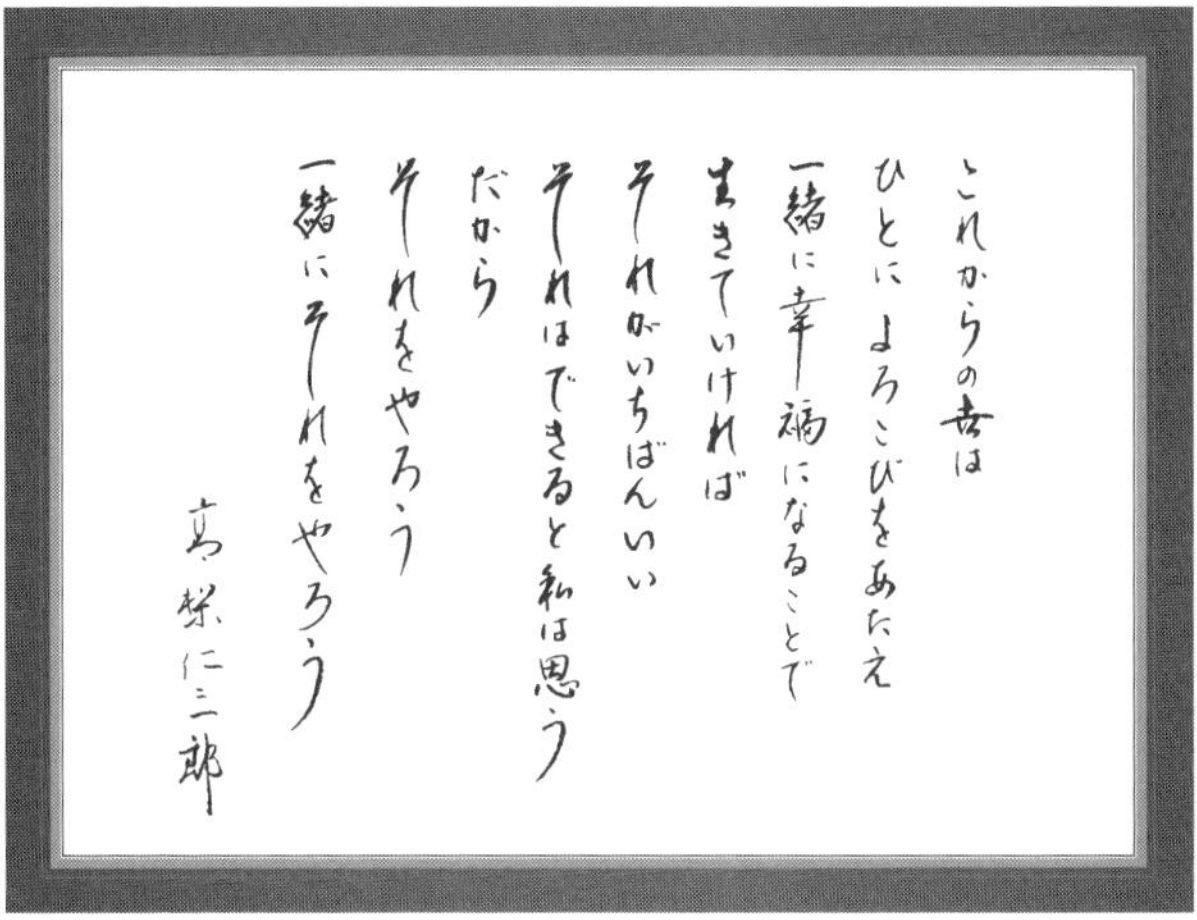

髙梨仁三郎は生涯、この想いを社員に語りつづけた。

まえがき

世界各地で毎日19億杯飲まれているブランド。日常に溶け込んでいるコカ・コーラ。しかし、日本で誰がいつスタートさせたのかを知る人は少ない。商才と資金力のある誰かが、世界中で売れている商品に目を付けて持ち込んだから成功した——多くはそう思っているだろう。しかし、事実はまったく逆である。

時は敗戦後の混乱期。清涼飲料の市場などないに等しいほど小さく、コカ・コーラは米兵などごく限られた人にだけ輸入され、飲まれていたにすぎない。口にした日本人には、「おいしくない黒いジュース」としか映らなかった。

しかしただ一人、鋭い先見力でその商品力、事業性、成長性、さらに雇用などの波及効果を見抜き、立ちはだかるいくつもの高い壁、圧力に挑み続けた男がいる。キッコーマン創業家の親族で、後に「日本におけるコカ・コーラ創業の父」と呼ばれる髙梨《たかなし》仁《に》三郎《さぶろう》である。

日本に市場性がないと判断しているアメリカ本社をどう口説いて販売権を獲得するか。本業である醤油問屋の経営難を憂える身内の反対にどう対応するか。営業を邪魔されるという理由で圧力をかけてくる同業者・業界をどう説得するか。長く続いてきた問屋制度などの流通システム、商慣習をどう変えていくか。新事業推進に先立つ資金をどう集めるか。外貨準備高不足という制約について国にどう認めてもらうか……問題は山積みであった。

醤油問屋の経営だけであれば建て直しも難しくはなかっただろう。しかし構想からまる9年、人に、組織に働きかけ、血のにじむような苦労をしてまで大きな困難に立ち向かい、すべてを軌道に乗せたその原動力は何だったのか――それはたった一つの想い「みんなで幸せになろう」であった。

日本復興という信念を貫いたからこそコカ・コーラビジネスが成功し、コカ・コーラがあったからこそ清涼飲料業界全体が一気に花開き、市場は5兆円にまで拡大した。自社だけに視野を留めず業界全体を興した。関連業界まで含め、従業員とその家族を合わせたら、どれほどの経済規模になるだろう。

「怪物」といわれた髙梨仁三郎は、いったいヒト、モノ、カネ、情報にどのように接してどう経営していたのか。理念、信念の持ち方、それを実現させるための知恵と行動について見ていこう。

2017年1月

太田　猛

◎本書執筆にあたっては、髙梨仁三郎の薫陶を受けた元部下たち、当時協力していただいた社外の皆様にインタビューを実施し、未発表の「証言」を多数収録して、その実像に迫れるようにまとめました。ここに厚くお礼を申し上げ、皆様のお名前を記します（敬称略、順不同）。

・佐藤　登……元日本コカ・コーラ初代副社長
・髙梨誠三郎…元東京コーラ・コーラボトリング取締役、現和貴取締役会長
・髙梨圭二……元東京コカ・コーラボトリング社長、現コカ・コーライーストジャパン取締役
・髙梨一郎……元東京コカ・コーラボトリング、前ヴィアン代表取締役社長、現丸仁ホールディングス顧問
・武田彰夫……元東京コカ・コーラボトリング営業部長
・谷川　明……元東京コカ・コーラボトリング総務部長、元東京カナダドライ社長、元東京カルピスビバレッジ社長
・前田　明……元東京コーラ・コーラボトリング専務取締役、元沖縄コーラ・コーラボトリング初代総支配人
・荏原信太郎…元東京コカ・コーラボトリング不動産部長
・小林昭夫……元東京コカ・コーラボトリング広報室長
・下村光男……元東京コカ・コーラボトリング管理本部、元ジャパンカード・エンタープライズ常務取締役
・佐野尚見……現松下政経塾理事長
・東京コカ・コーラOB会有志、取引先、関係者の皆様

コカ・コーラで5兆円市場を創った男・目次

第2章◉経営破綻、四面楚歌を切り抜ける——41

第3章◉挑戦と先見力で成功へと導く

第4章◉どのように人と接するか

第5章◉戦略家仁三郎の巧妙な作戦

第6章◉「みんなで幸せになろう」の実現

157

［装丁］奥定泰之
［編集］藤原雅夫

第1章◉どん底でコカ・コーラビジネスをつかむ

1952年、戦争の傷跡が残る日本から、プロペラ機でアメリカに向かう男がいた。焼け野原の日本を誰も市場として見ていない時代に、コカ・コーラのボトリングビジネスの権利を手に入れるためだ。

コカ・コーラは日本で簡単に広まった飲み物ではない。これは後に「日本でのコカ・コーラ創業の父」といわれる高梨仁三郎が、日本の復興を信じて力強く生きた、どん底の創業から大市場形成までの快進撃へと続く奇跡の物語である。

コカ・コーラの斬新経営のしくみ

コカ・コーラといえば、世界で一番有名な飲み物だろう。世界で毎日19億杯も飲まれている。そんなコカ・コーラ事業を行っているのが、アメリカジョージア州アトランタのザ コカ・コーラカンパニーであり、世界に製造・販売権を与えるコカ・コーラ・エクスポート・コーポレーション（以降エクスポート社）である。

世界的大企業コカ・コーラだから、優秀な経営者がしっかりとしたプランで始めたビジネスかと思いきや、そうではない。

1886年にジョン・ペンバートンという薬剤師が、アトランタで健康ドリンクとして販売したのがコカ・コーラの始まりだ。シロップみたいなものとして売られた商品だったが、あるときこのシロップを炭酸水に混ぜて販売したところ、「おいしい」と評判になった。一気に人気が出たコカ・コーラ事業を、ペンバートンは2年後にエイサ・キャンドラーに売り渡した。

キャンドラーはビジネスが得意で、商標登録したり製造工程を改善したりして会社を成長させていく。キャンドラーの社長就任直後の1890年に年間3万リットルほど売れていたコカ・コーラは、10年後には50倍近い140万リットルにまで拡大した。

当然「これはいい事業だ」と、投資家たちが目をつける。アーネスト・ウッドラフ率いる投資家グループが1919年にコカ・コーラを買収し、アーネストの子のロバート・ウッドラフが社長を務めた。

このように創業当初から経営者がころころと替わっていったのが、コカ・コーラの面白いところでもある。

コカ・コーラと植民地化を意味するコロニゼーションとを足した「コカコロニゼーション」という言葉が流行したことがある。それぐらいアメリカの影響力が強い地域に販売されている飲み物といったイメージがもたれることもある。まさにアメリカの象徴。

だが、実は生粋のアメリカ人たちによって脈々と経営されてきた会社というわけでもない。近年のCEOを振り返ってみても、ゴイズエタはキューバからの亡命者で、イズデルは北アイルランド生まれだ。ムーター・ケントはアメリカ人だが、親がトルコの外交官。しかもよくあるような仲間同士の経営というわけでもない。経営者が比較的替わりやすい会社でもある。

この物語の主人公、髙梨仁三郎が起こした会社は「東京飲料」（56年設立）である。のちに「東京コカ・コーラボトリング」と改称され、現在の「コカ・コーライーストジャパン」

となる会社だ。

コカ・コーラアイーストは、アメリカのザ コカ・コーラカンパニーが子会社のヨーロピアンリフレッシュメンツ（アイルランド）を通じて株式を取得し、筆頭株主となっている。代表はルーマニア出身のカリン・ドラガンである。

だから現在のコカ・コーラアイーストは、アメリカ人がやってきて日本で会社を動かしている、というわけではない。グローバルに活躍する企業だから、世界各地から人が入り込んできて、世界の至るところで活躍するというわけだ。アメリカの会社というより、グローバルカンパニーといったほうが正しい。

コカ・コーラはザ コカ・コーラカンパニー本社とその完全子会社が原液をつくり、各地のボトラーとよばれる業者に完成品をつくらせて販売している。すべての権力をアトランタの本社が握っているわけではない。

ザ コカ・コーラカンパニーが進出地域の事業者に、瓶詰して販売する許可を出し、コカ・コーラの原液を売るのがビジネスになる。瓶詰の事業者はボトラーと呼ばれ、現地でコカ・コーラの原液に炭酸水を加え瓶詰して販売するわけである。

つまり、本社は原液を売ることで手間やコストをかけずに利益を得られるし、現地のボトラーは合理的な販売方法で利益を得られる。また、瓶や蓋、缶などが現地の業者によって製造・販売されており、地域社会を重視したビジネスモデルでもある。

本社も現地法人であるボトラーも、それに関連する地域の業者にも利益のあるビジネスが、コカ・コーラのやり方というわけである。

日本でのコカ・コーラビジネスのしくみも同じように、大きく日本コカ・コーラとボトラー各社によって成り立っている。ザ コカ・コーラカンパニー100%出資の日本コカ・コーラは、マーケティングとコカ・コーラ原液の製造・販売をビジネスとしている。最高機密のレシピでつくられる原液を日本国内で唯一つくることができるのが、この日本コカ・コーラである。原液を滋賀県の守山工場でつくり、その原液をボトラー各社に売っている。

日本コカ・コーラは、営業の手間をかけず原液を売るだけで利益が出る。ここが、このビジネスのメリットだ。ただし、仁三郎が創業した当時は日本国内での原液製造はできず、輸入するしかなかった。

ボトラー各社は、原液に炭酸を入れ調整してコカ・コーラをつくり、瓶や缶、ペットボトルに詰めて店に売っていく。その販売地域は指定されていて、コカ・コーラを売る競争相手はいないということである。

類似商品での競争はあっても、同じ商品での競争相手がいないということは、その分値下げ合戦をしなくてよい、値下げしないから利益が確実に出るということである。ここがボトラーにとっての大きなメリットとなっている。

ボトラーには、北海道コカ・コーラボトリング、みちのくコカ・コーラボトリング、コカ・コーライーストジャパン、北陸コカ・コーラボトリング、四国コカ・コーラボトリング、コカ・コーラウエスト、沖縄コカ・コーラボトリングなどがある。

このなかで、日本でコカ・コーラビジネスをもっとも早くに手がけたのがコカ・コーライーストジャパンで、仁三郎がつくった東京飲料、改名して東京コカ・コーラボトリング、さらに改名した会社である。

東京コカ・コーラボトリングは仁三郎の時代の後、いくつかのボトラーと統合し２０１３年にコカ・コーライーストジャパンになった。東日本をカバーする世界でも有数の大規模ボトラーである。

清涼飲料全体の生産量を生涯で23倍に！

仁三郎は絶望の淵から這い上がり、今の日本をつくった。これを可能にしたのが仁三郎の

「みんなで幸せになろう」の信念だ。

「自分が幸せになろう」ではいけない。困難に直面したときには、諦めたほうがより楽で幸せだと思ってしまう。自分が満足したときには、さらに大きな幸せまでつかみとろうという気にはならない。

「みんなで幸せになろう」――だから絶望のなかでも諦めずに大きな仕事ができる。自分だけが幸せになろうとすると誰もついてこない。みんなで幸せになろうとするとみんながついてくる。

のどが渇いたのでドリンクを買って飲むのは、今では日本中どこでも見られる光景だが、この常識・習慣をつくったのは仁三郎だ。

日本の清涼飲料は5兆円市場、これを量に換算してみよう。東北学院大学の村山貴俊教授の調査をもとに、コカ・コーラの自由化あたりから仁三郎逝去までの年間生産量の推移を見ていくことにする。

仁三郎が活躍した60年ごろは、「コカ・コーラを売るとジュースが売れなくなるから、自由化するな」という見方が一般的だった。これに対して仁三郎は「全体のパイを増やせばいい」といっていた。

当時の生産量が50万キロリットルで、仁三郎逝去直前の92年が1170万キロリットル。

生産量が23・4倍。この間、単純に飲料の生産が増えているだけではない。瓶・栓・缶の製造、自販機の製造・メンテナンス、運送、販売、広告宣伝など、清涼飲料関連業界に携わる人が相当増えたはずだ。

しかも、炭酸飲料以外の分野が相当伸びている。つまり、コカ・コーラだけが売れるようになったのではなく、コカ・コーラも売れているが、他の清涼飲料も売れるようになったのである。

業者別の集計にはなっていないから明確にはいえないが、コカ・コーラ以外の商品や、それを収める自販機を頻繁に見ることから、コカ・コーラだけが儲けているということもない。コカ・コーラに携わる人だけでなく、業界全体の仕事、すなわち雇用も増やした。

これが仁三郎のいっていた「全体のパイを増やして、みんなで幸せになろう」という信念の実現だ。

『酒類食品産業の生産・販売シェア』（日刊経済通信社）によると、清涼飲料の生産量は2014年現在2040万キロリットル、60年のときの40倍である。コーラは6万キロリットルが1350万キロリットルになったので、225倍にまで膨れ上がったことになる。ただ、村山教授の集計は2000年までなので、厳密には同じ基準で比較することはできないが。

病で5年遅れても絶対に諦めない

仁三郎は1904年4月12日、キッコーマン創業家の家系、高梨総本家第28代兵左衛門の次男として生まれ、旧制明治中学4年のときに肋膜炎を患う。当時、肋膜炎は死の病で、親兄弟から「長くは生きられないのではないか」と思われていた。それが2年で病から脱し、進学もできるようになった。

生きることができた――これは仁三郎にとって、この上ない喜びであった。しかし、2年のブランクによって同級生が先に高等学校に進学したことは、仁三郎にとって癪にさわることであった。負けず嫌いの仁三郎が選んだ進学先は、学業期間の短い東京外国語学校（現在の東京外国語大学）だった。

仁三郎は後年、次のように語っている。

「生来、気性が激しく負けずぎらいの私は、なんとかみんなより早く世に出てやろうと考えた。だが、同じ道を歩いても駄目だと思い、学業期間が短く、一番やさしく入学できて、それでいてよい学校はないものかと探しあてたのが東京外国語学校だった」

仁三郎はイタリア語を専攻する。後年、仁三郎が手がけた事業にナポリアイスクリーム、トレッカコーヒーなどといったイタリア関連のネーミングが多いのはこのためである。

卒業後、醤油問屋の小網商店（東京・小網町）に入社する。入社後、31年に今後のビジネスのためにと外遊にでかける。2年ほどヨーロッパ、アメリカを視察して帰り、34年にトシと結婚する。

しかし、いいことばかりは続かない。35年、31歳のときに今度は気管支拡張症を患う。吐血することもたびたびあり、「仁三郎危篤」の電報が何度も親族のもとに届いた。仁三郎は再び、いつ死んでもおかしくない状態となった。入院生活は2年におよんだ。うち1年はほぼ寝たきりの状況で、退院後も1年の療養生活を送る。

そして、少しずつ畑仕事をするうちに体力がついていった。

「人間、立って歩けるということは大変なことなんだ」という仁三郎の言葉がある。3カ月も寝たきりだと立つこともできなくなってしまう。だから、立って歩けるというのは、当然のようでいて、とてもありがたいことなのだ。生死の間をさまよった仁三郎だからこその響きをもっている。

いつ死ぬかわからない状態が、学生時代の2年間を合わせれば5年以上もあったことになる。そのブランクを埋めるための時間もかなり長い。ここから先は推測の域を出ないが、長期間生きるか死ぬかの状態で、「もうだめだ」と思うこともあったのではないか。

そんな絶望のなかでも、人間はなんとか強く生きることが復活につながる、ということを悟り、「諦めずに生きれば復活できる」それが仁三郎の信念となったのだろう。小網商店を復興させた仁三郎の姿を見れば、見当はずれとはいえないはずだ。

戦後の焼け野原のなかでも前進するのみ

小網商店は、醤油問屋から総合卸として事業を拡大し、後にコカ・コーラビジネスを導入した会社である。

1941年7月、小網商店社長の笹田伝左衛門が死亡する。北京への視察で乗っていた自動車が貨物列車と衝突したのだ。伝左衛門は面倒見がよく、社員の福利厚生を重視していた。とくに夏季1週間の海水浴はとても好評だった。福利厚生だけではない。事業を成長させ、醤油をはじめ清酒、ビール、食品、缶詰と扱う商品を増やし、総合食品卸問屋へと成長させた。

そんな名経営者が急逝したから大変だ。ただちに社員総会が開かれ、そこで仁三郎が社長になることが決まった。太平洋戦争が激化していったころだ。社長就任後は、ますます戦争が激しくなり、社員たちは兵役や別の工場勤務などに次々と動員させられていった。
敵の攻撃を直接受けるようにもなった。45年3月の「東京大空襲」では、東京の主要部分が一瞬にして焼土と化し、小網商店も本店事務所をはじめほとんどの倉庫を焼失した。

「手のほどこしようもなく、その焼け跡にただ茫然と立ち尽くすのみであった」

と、仁三郎は振り返る。全国の鉄道はマヒし、とくに都心への交通機関は用をなさなかった。それでも仁三郎は、「お互い、なんとか生きていこう」と社員たちを励ました。

日本復興のためのコカ・コーラビジネス

「日本は必ず復興する」——これが戦後一貫した仁三郎の信念であった。その後の歴史を知っている私たちにとっては、「仁三郎は正しかった」で終わってしまう話だが、太平洋戦争に敗れ主要都市が灰燼と化した状況では、必ずしも一般的な考え方ではなかった。

仁三郎は当時の様相を次のように語っている。

「長い戦争も終わり、東京はまったくの焼け野原。人々は、その日その日の食糧を求めて右往左往するばかりで、何よりも食糧の確保が重大問題だった」

当時の日本は初めての敗戦を経験し、外国の侵略を受けたことがないという自信が揺らいだ時代である。しかも、占領したのは圧倒的な物量と科学技術力によって勝利した大国アメリカだった。

昨日まで正しいとされていたものが、今日からは正しくないものとなった。

そういう状況下であっても、日本人は力強く生きようとした。みんな復興を信じて必死に働いた。そんな人たちが今の日本をつくったのだ。

そういうとかっこいいが、話はそれほどスムーズには運ばない。占領下では復興しようにも、あらゆることに規制があり、日本人の手で行うことができない状況だった。復興したくても、何をどうしたらいいのか手探り状態だったのだ。戦勝国アメリカでも、敗戦国の日本がすぐに復興すると考えた人は少なかった。

第二次世界大戦でアメリカ側の勝利が明らかになったころから、国際社会ではアメリカを中心とする資本主義陣営と、ソ連を中心とする社会主義陣営との対立が形づくられる。日本が8月に降伏してから、対立は明確になる。

アメリカは資本主義陣営の味方となる国を増やすため、戦後の日本を支援した。これは事実だ。しかし日本は戦後の荒廃期。いつ復興するかわからない。それ以前に、いつ社会主義陣営に攻め込まれるかわからない。

そんな時代に日本でコカ・コーラビジネスをしようなどとは、誰も考えつかないことのはずだ。繰り返すが、現在の私たちはその後の結末を知っているから、どことなく安全地帯からテレビドラマを見ている感じになってしまう。しかし、当時の人たちは必死に生きていても、いつ復興するかわからないし、そもそも生きるためにどうしていいかわからない暗黒の時代だった。

終戦のとき小網商店にいたのは、仁三郎を含めてわずか7名だった。仁三郎はやむなく店は当分休業とした。社員には給料3カ月分を前渡しで支給した。それでも焼け野原になった東京で、食べるものに困っただろう。

その後、何もない東京で仁三郎が手がけたのは、工場である。食糧難をなんとかしようと日暮里でパン工場を興した。45年11月6日に工場は稼動したが、配給制なので原料が手に入りにくい。小麦もイースト菌も手に入らず、大豆の粉でつくるしかなかった。そうすると、できあがるのはパンとはいえない代物なのだが、それでも食糧難だから飛ぶように売れていった。

そんななか、12月に仁三郎の強い味方が大陸から帰ってくる。弟の五郎だ。のちにコカ・コーラビジネスの経営面を支える人物である。そんなうれしいことがあったとはいえ、当時の小網商店はつぶれるかもしれない状況だった。

仁三郎は、当時を次のように振り返る。

「明日の食糧にも事欠く物資の欠乏がいつまで続くのか、果たして問屋業の復活ができるものかどうか、見当もつかない。とにかく小網商店をつぶさず、存続させることが生きる道と信じ、生きる張り合いを小網商店の存続に求めた必死の毎日であった」

46年、新円切り替えで預金封鎖や保険の切り捨てが起きる。これが引き金となり、人々は食糧と新円を求めて財産を売っていった。戦後1年半たっても世情は定まらず、物価は半年足らずで2倍、3倍と上昇していった。まさに大混乱である。

こんなことで日本は立ち直れるのか、昔日の繁栄を取り戻すことができるのかと、不安と焦燥が巷にただよっていた。しかし仁三郎は、関東大震災を見事に復興させた日本人の力を信じて、次のように社員を励ました。

「日本人には優秀な頭脳と、どこにも負けない勤勉さがある。この頭と体が残っている限り、必ず復興する。関東大震災がよい例ではないか」

怪情報からコカ・コーラをつかむ

仁三郎はキッコーマン創業家一族という名門の家に生まれながら、決して安穏としない男であった。ついに「そのとき」がやってくる。

仁三郎43歳。混乱がまだ続く47年の大晦日。小網商店を訪れた得体のしれない男が、仁三郎にコカ・コーラの情報を伝える。米兵はコカ・コーラを飲んでいる、日本が安定したあとで日本人に売れば儲かる、ということだった。仁三郎は米兵がコカ・コーラをラッパ飲みしているところを見たこともあって、興味深く聞いた。

情報を集めると、コカ・コーラの責任者であるスペンサーという男が横浜にいることがわかった。

当時のコカ・コーラグループの構成は、頂点にアメリカ本社のザ コカ・コーラカンパニーがあり、その下にカナダに展開する会社、キューバに展開する会社、それ以外の地域に展開する会社すなわちエクスポート社があった。

戦後まもなくの日本で駐留軍にコカ・コーラを販売していたのは、このエクスポート社の日本支社。日本での事業は横浜に拠点を置き、スペンサーが取り仕切っていた。

コカ・コーラビジネスに興味をもったのは仁三郎だけではなかった。世界で飲まれているコカ・コーラに関心を寄せる多くの事業者が、スペンサーのもとに出入りしていた。しかし、エクスポート本社から許可が下りないのがわかると、事業者はみなスペンサーから離れ、仁三郎だけが残ったというわけだ。

とうとう仁三郎はスペンサーと面会し、コカ・コーラビジネスの情報を仕入れていくことになる。スペンサーは、エクスポート社の日本支社マネジャーであるが、不相応に派手な暮らしをしていた。そのことを仁三郎は気にしていたが、人柄はよく信頼してもよさそうだと思った。

49年、アメリカのプロ野球チームのサンフランシスコ・シールズが来日し、後楽園球場で日本のプロ野球チームと試合をした。このときに、球場内で特別に販売されたことがあった。

これが一般の日本人が初めてオープンに飲むチャンスとなった。

のちに社有不動産管理を担当する荏原信太郎は当時10歳で、父親と観戦にきて初めてコカ・コーラを飲んだ。球場ではエクスポート社の社員が売り子となり、注文客のところまで行って瓶の栓を抜いて手渡ししていた。

このスタイルは、米軍ベースキャンプで行われていたアメリカンフットボールの試合での販売方法と同じである。当時、エクスポート社の日本支社は、日本に駐留していた米軍相手に販売していた。

兵士と家族のスポーツ娯楽は、野球よりもアメフト。しかもナイトゲームである。創業当初、東京飲料は米軍向けにコカ・コーラを製造・販売するビジネスをしていたから、アメリカでの販売方法をとっていたのだ。

アメフトのスタンドの応援は、熱気と興奮のなかで行われる。東京飲料で初期から営業をしていた谷川は、ベースキャンプのアメフトの手伝いによく駆り出され、どこに立てばコカ・コーラが売れるのかがわかっていた。ウイスキーを混ぜてコークハイにして飲んでいる客の近くが売れるというのである。

コークハイは飲むほどにボルテージが上がり、飲むスピードが速くなる。これを飲んでいる米兵の近くにいるだけで次々と注文が入り、12本入りキャリーケースが何回転もした。

この年、スペンサーに案内されて横浜のボトリング工場を見せてもらった仁三郎は、日本でコカ・コーラ事業を展開したいという想いを強くした。米軍相手の事業を日本人相手に展開すれば、大きな仕事になると見込んだわけである。

しかし、当時はなにより戦後の経済安定が優先された時代。敗戦国日本を統治していたGHQは、物資不足の日本でコカ・コーラのような贅沢品を流通させるのは難しいと考えていた。日本人がコカ・コーラを買うようになるのには時間がかかると見ていたわけだ。

一方で、GHQはスペンサーに対して、もし日本が復興したら市販してもいいと告げていた。

戦勝国に乗り込み啖呵を切って交渉

国内販売を巡る議論をしているうちに、50年に朝鮮戦争が勃発した。資本主義陣営の韓国と社会主義陣営の北朝鮮との対立。アメリカは韓国を支援する。日本はその前線基地となる。このことで国内需要が急増し、戦後日本復興の足掛かりとなった。そして翌51年、吉田茂がサンフランシスコ平和条約に調印し、日本は独立に向けて歩みを進めた。

この年、清涼飲料業界にも変化があった。朝日麦酒の山本為三郎が、バヤリースオレンジの輸入権を勝ち取ったのだ。経済の分野でも、日本の独立に向けた動きが強まってきた。バヤリースが入ってくるなら、その勢いでコカ・コーラもいけるはず。今がチャンスとばかりに、仁三郎はコカ・コーラの販売権を獲得するために、エクスポート社に打診した。

しかし、エクスポート社は時期尚早と回答する。焼け野原となった日本の復興はまだだと思われたのだ。また朝鮮半島の前線に送るコカ・コーラを日本でつくっていたから、格好のビジネスを手放しにくく、事業を売るのはまずいと判断されたこともあったのだろう。

仁三郎は51年7月に、東京帝国大学出身のエリート、弟の五郎常務をアメリカに送り込んだ。五郎にはアメリカの状況を詳しく見てくるように指示を出し、五郎は現地の生産と販売の実態を詳しく報告している。

五郎が特筆しているのは、「安売りをしないこと」「現金取引をすること」であった。今となっては価格を定めて販売し、現金で取引することなど普通であり、不自然な点は見当たらない。

しかし当時の日本は、多く買ってくれた顧客には1個あたりの価格を安くして販売するのが普通の取引だった。また「掛け」といって、商品を受け渡して後日、代金を支払う方式をとっていた。これらの商慣習が廃れたとするならば、その一因はコカ・コーラにあったといえる。

そして、満を持して仁三郎が販売権獲得のために訪米する。サンフランシスコ平和条約発効直後の52年10月29日、仁三郎48歳のときであった。

仁三郎に対応したのは、当時コカ・コーラの頂点に立つ男、ザ コカ・コーラカンパニー社長のニコルソンだった。紳士的なふるまいで仁三郎に向き合い、日本でのコカ・コーラ販売に前向きな姿勢を見せてくれていた。そんななか空気を一変させる台詞が発せられた。

「日本は、今度の戦争で壊滅的な打撃を受けたそうじゃないか。そのなかで、どうやってコカ・コーラを売るんだ？」

仁三郎は先代の不慮の事故で急に社長になったばかり。なんとか自分の手で育て上げようとしている会社を、アメリカに焼かれているのだ。敗戦国日本がアメリカにバカにされたのだ。仁三郎は頭に血がのぼって声を荒らげた。

「壊滅的な打撃だと？　お前らが日本を灰にしたんじゃないか！　関東大震災のときにはいろいろと助けてくれたが、その後10年で日本は復興した。日本人の頭と体がある間は心配しなくていいんだ。今度も日本は必ず復興する！」

なんということだろう。仁三郎が5年も待ってようやく契約できそうなコカ・コーラ。その最後の段階で、お願いをしている相手にくってかかってしまったのだ。

しかしその後もやりとりが続き、二人が仲たがいすることはなかった。ニコルソンのもとを去った後、仁三郎はエクスポート社副社長のマクミランと対面する。マクミランはニコルソンから聞いていたのだろう。仁三郎が声を荒らげるほど本気でコカ・コーラビジネスを展開するつもりであると。

仁三郎がコカ・コーラビジネスを始めたいと説明すると、マクミランは了承した。これはしめたと思った仁三郎は一筆くださいと頼んだが、マクミランは「私がいいといったらそれでOK」だという。今では信じられないようなビジネスの進め方である。

エクスポート社がコカ・コーラビジネスを仁三郎に託すことが決まり、食事となった。その席では日本から来たゲストをもてなそうと、すき焼きがふるまわれた。

しかしエクスポート社としては、やはり日本の復興の程度がどれほどなのか気になる。仁三郎は自説を再三、主張した。

「本当に売れるのか、原液の支払いは大丈夫かという話になるので、日本は必ず復興する、と力説した」

声を荒らげたエピソードについて、仁三郎は手記『私のアルバム』ではニコルソンとの対談であったとし、放送タレントの三國一朗との対談ではすき焼きの席上であったと語っている。

どちらが正しいかはわからないが、結局それだけ日本が信用されていなかったわけである。そして、そんな強者アメリカを相手にして、日本人の心の叫びを返した仁三郎がそこにいたのは事実だった。

なお、仁三郎が訪米で得た権利は、エクスポート社の商品を買って販売する権利だけであって、原液を瓶詰にするまでには至っていない。しかし、結果的にはボトラーとしての権利も獲得することとなる。

当時は世界のだれもが、日本はいつ復興するかどうかわからないと思っていた。当然日本でコカ・コーラなんて売れないと思われていた。そんな雰囲気をぶち破り、コカ・コーラのトップたちの物の見方を変えさせたのが、「日本は復興する！」という仁三郎の固い信念だった。

信念は、不安材料すらも吹き飛ばすのだ。

信念と挑戦の姿勢ですべてを動かす

「われわれはその地域社会の一員になること、コカ・コーラを地域の産物としてその土地の方々に受け入れてもらうこと」

仁三郎がのちにそう語ったのは、あらゆる関係者に利益があるように願ってのことである。これは営業の指針でもあるが、もともとコカ・コーラがいろいろな人に受け入れられようとする姿勢をもっていたからともいえる。

「コカ・コーラはアメリカのシンボル的な飲み物で、戦勝国アメリカが敗戦国日本に押し付けてきて、その結果広まった」というイメージをもつ方がいるかもしれない。

しかし、実際は逆だった。もともと日本ではコカ・コーラは売れないと考えられていた。焼け野原になって復興が遅れている日本には、コカ・コーラが売れる市場もないし、コカ・コーラビジネスを理解できる人間もいないとアメリカ人は思っていた。これが現実に近い。

だからこそ、仁三郎がコカ・コーラビジネスをやらせてほしいとお願いしに渡米したときも、ニコルソンをはじめとして多くの人が、「日本で本当に売れるのだろうか」と心配したのだ。

仁三郎は苦心の末に販売権を獲得し、日本でのコカ・コーラビジネスの第一歩を踏んだ。ここまでの仁三郎の姿から、強い信念をもってチャレンジすることが大きな事業をなしとげるのに必要なことがわかる。

日本がこれからどうなるか誰にもわからなかった時代に、日本が復興すると固く信じてビジネスを始めようとした仁三郎。それは何度も病に倒れ、生死のはざまをさまよったからこそ生まれたものだ。

戦後まもなくの大変な時代。だが振り返ってみると、その後も未曽有の出来事がたびたび起こっている。失われた20年や、100年に一度の不況や、1000年に一度の大震災や、起こらないといわれた場所での震災、就職氷河期、環境問題、数々の社会問題……。戦後も不安定だったが、今でも不安定なことばかりだ。

そんなときに、仁三郎のような「必ず復興する」「必ずよくなる」という強い信念をもって、目の前の仕事に取り組んでいくことが重要なのである。

仁三郎を振り返ってみよう。かつては敵国で、圧倒的な物量で日本を押し倒した国であり、しかもこちらを軽んじているような強大な相手。仁三郎は相手がどれだけ大きくて手ごわくても、肚をくって挑み、目的を果たした。

そこには「必ず復興する」という強い信念にもとづく仁三郎の姿勢があった。これは単に仁三郎だけよければいいというものではない。復興するとは、「みんなで幸せになる」ことだ。どうなるかわからないからこそ、「みんなで幸せになろう」という強い信念をもつことで、よい方向に進んでいく。

仁三郎のような心のもち主が、昔は日本には多くいたことを時々耳にする。たしかに近代以降の日本は、列強に対して肚をくくって立ち向かった豪傑たちの歴史である。資源も人口もお金もない小さな日本は、彼ら豪傑たちのおかげで先進国となった。

強い気持ちでどんな相手にでも立ち向かおうとする気持ちが、ビジネスを展開する上でも必要とされるのだ。

仁三郎は、のちに次のように語っている。

「熱心な心をもてば、何かよい道が開けてくる。道はやる気のあるところに開けるもの。自分の使命・役割を認識し、常にチャレンジ精神をもって突き進み、目標を達成したときに胸を張ることができる」

このエピソードで、信念をもつことに加え、もうひとつ大切なことは、チャレンジする心だ。仁三郎が世界のコカ・コーラのトップを相手に声を荒らげたのが48歳のとき。48歳といえば、仕事にも落ち着いて人生をすごすような時期で、あまり波風をたてず、残りの人生設計を考えるような時期でもある。

しかも当時の仁三郎は、小網商店の社長だった。会社を安定させなければいけない責務はあるにしても、そのポジションは戦わなくても維持されるわけだ。しかし、仁三郎はそんな年齢やポジションにこだわらずチャレンジした。

最近、起業する人が少なくなった、チャレンジする人が少なくなったといわれている。それは、若者だからそうなったのではなくて、すべての年齢層が守りの姿勢をとりすぎてしまっているからではないか。チャレンジするのは大変なことではあるが、仁三郎の人生は、その大切さを物語っている。

第1章では、仁三郎が販売権を獲得するまでを概観した。仁三郎にとってはコカ・コーラビジネスをやろうと決めてすでに5年がたち、ようやく日本における事業展開の第一歩となった。しかし、それは仁三郎にとってさらなる地獄への一歩でもあった。

第2章◉経営破綻、四面楚歌を切り抜ける

「仁三郎、いい加減にしろ！　世間がこれだけコカ・コーラは難しいといっているんだ。もう諦めろ！」。1957年、53歳の仁三郎は父から怒鳴られる。身内だけではない。問屋業界、飲料団体、そして政府からも圧力がかかった。

コカ・コーラの販売権をようやく獲得して5年。しかし小網商店は過剰投資がたたり、しかも取り扱う商品は売れない。ついに会社が傾き始め、周囲に味方はいなくなった。

そんなとき、仁三郎は何をどう考え、どのように動いたのか。

外貨不足で国が原液輸入を認めない

コカ・コーラは、最高機密のレシピで製造される原液にソーダ水を加えいくつかの工程を経て、瓶詰加工して販売する。その原液は独自に製造することはできない。2016年4月13日の朝日新聞夕刊に「1957年　コーラ本格上陸」の記事が掲載された。

コカ・コーラ以外にもコーラが登場するようになった。しかし同記事に掲載された中本晋輔氏が、「コカ・コーラはその味の深みや苦みの完成度が高く、レシピの神秘性も破られていない」と評しているほどだ。

この年は仁三郎が父親から怒鳴られた年である。つまり「コーラ本格上陸」の裏で大変なことがあったわけだ。

それでは、記事では触れられていない仁三郎の話に戻ろう。

コーラ本格上陸5年前の52年、エクスポート社からコカ・コーラの販売権を得た仁三郎であったが、これで事業開始というわけにはいかず、さっそく問題が生じた。小網商店がコカ・コーラの原液の輸入を国に申請したが許可が下りないのだ。輸入許可が下りないということは、原液は日本国内で製造できないので、コカ・コーラの製造も販売もできないということである。

なぜ輸入許可が下りないのか。独立を勝ち取ったころの日本は外貨不足だった。外貨が少ないと国際間の取引ができなくなり、日本経済が混乱してしまう。とくに当時は、現在のように日本円が強くないので、外貨はとても大切なものだった。

外貨割当というのは、「〇〇ドルまで輸入を認める」と行政が決めることである。日本は64年まで外貨割当の許可がないと輸入できなかった。だからコカ・コーラが売れそうだからといって、行政が認めた額以上の原液を輸入することはできなかったわけである。

仁三郎は、仲間が去って行った当時を語る。

「コカ・コーラを始めるにあたっては、最初のころは協力者も多かったが、とても外貨割り当てが困難とみて、みんな去って行った。残ったのは私や五郎など身内だけ。まさに孤軍奮闘だった」

アメリカからコカ・コーラの原液を輸入しようという行為は、日本国内から大量のドルがアメリカに渡ることになるので、当時の日本としては「とんでもないこと」だったのだ。

まず、この経済的な要因が輸入許可を遅らせた。

コカ・コーラを輸入させていいものか、衆議院農林水産委員会で議論された。国政を担う重要な場で、ある国会議員は「コカ・コーラは飲み始めたら止められなくなるから危険だ」とコカ・コーラが麻薬であるかのような、いわれなき中傷をした。

「コカ・コーラのコカはコカインから来ている。だからコカ・コーラにはコカインが入っている」と、まことしやかに語られたが、これは事実とは異なる。

たしかにペンバートンの創業時代には、コカインが微量に含まれていた。19世紀にはコカインは薬の一種とみなされ、禁止されていなかった。現在でもコカの葉は南米の一部の地域ではお茶として飲まれているほどだ。

こういった背景から、そもそもコカ・コーラは頭痛や滋養強壮の薬として開発されたものであった。その後20世紀に入り、1903年にコカインが法律で禁止されたのを受けてコカ・コーラからコカインが取り除かれた。

ちなみに、コカ・コーラの「コーラ」とは「コーラの実」を原料にしていることからついたといわれている。コーラの実はアフリカの熱帯雨林でとれるもので、カフェインが含まれている。

なお、コカ・コーラの名付け親はペンバートンの友人で経理担当だったフランク・ロビンソン。あの筆記体のロゴもロビンソンがつくったものだ。

コカ・コーラからコカインが取り除かれて半世紀もたった当時、コカ・コーラにコカインが入っているわけはない。しかし、このような経緯をもつコカ・コーラに対する拒否反応はとても強いものだった。結果としてコカ・コーラの原液は輸入できなくなった。

仁三郎は、またもビジネスを始められなくなったのだ。

国内では、まだコカ・コーラ反対の状況が続いた。小網商店は諦めず、原液輸入の趣旨を国会議員に説明してまわった。外貨が流出するというが、販売先は米兵だからドル獲得に貢献することや国内産業に影響を及ぼさないように自主規制して販売することを陳情し続けた。

とくに仁三郎と五郎は、「コカ・コーラの輸入は飲料業界に刺激を与え、必ず業界全体の発展にも結び付く」と主張し続けた。別にコカ・コーラだけが売れていく社会をつくりたいわけではない。需要が喚起され国内既存企業にとっても利益になる、というのがここでの呼びかけであった。

働きかけたのは小網商店だけではない。アトランタのコカ・コーラ本社もアメリカ政府を通じて日本政府に働きかけていた。

56年11月に原液輸入が許可されたとき、仁三郎52歳。コカ・コーラビジネスを決意して9年もたとうとしていた。

飲料業界団体から嵐のような非難

外貨対策の試練に歩調を合わせるかのように、業界団体が反対する。「コカ・コーラなんていうアメリカの飲み物を輸入されては、これまでの国内の清涼飲料が売れなくなってしまうのではないか」と、清涼飲料業者は恐れたわけだ。

業界団体が「日本の復興のためとなれば、日本の原料で日本の工場ですべてつくればいいはずだ」と考えるのは必然だった。

仁三郎は反対派に対して、いつも次のように語っていた。

「コカ・コーラを導入することによって、清涼飲料業界全体のパイ（市場）を大きくする。パイが大きくなれば、サイダーもラムネもジュースも棲み分けができる」

しかし当時の日本には、そんな話に耳を貸す者はほとんどいなかった。多くの日本人が「飲料までアメリカに侵略させる気か」とばかりに〝黒船〟コカ・コーラを敵視した。

日本は必ず復興すると信じていた仁三郎にとって、その日本人から黒船扱いされ、敵とみなされたのはとても悲しいことだった。こうなると現在のネット炎上と同じで、次々とヒステリックなコカ・コーラ批判が始まる。

とくに激しく反対したのが、日本果汁協会である。ここはバックにバヤリースオレンジとビール3社がそろっている。バヤリースを仕切っていたのは朝日麦酒の山本為三郎。実は、コカ・コーラ輸入問題は山本と仁三郎との戦いのようなものであった。宮本惇夫が著書『コカ・コーラへの道』（かのう書房）で、この戦いを次のように形容している。

「財界実力者山本為三郎を筆頭とする反対勢力に闘いを挑む仁三郎の姿は、横綱に十両の小兵が挑むようなものだった」

仁三郎は、反対派の急先鋒でもあった「横綱」日本果汁協会の三堀参郎前会長を訪ね、自分の考えを述べて協力を要請した。

「いま日本の清涼飲料の消費は停滞しているが、日本が完全に復興し、国民生活が豊かになるにつれて必ず成長していく。この時期にコカ・コーラを導入するなら、コカ・コーラ自身も相当の市場を得るであろうが、これが飲料業界に刺激を与え、業界全体の発展にも結びつく」

これはエクスポート社を説得したときの信念と同じだ。どれだけ状況が悪くても、強い圧力を受けても、必ずよくなるという信念をもって説明している。エクスポート社はコカ・コーラビジネスのパートナーだから、ビジネスがうまくいけば双方にメリットがある。

しかし今度は、利害関係でいえば相対する立場。果汁協会、つまり小網商店以外の業者は、コカ・コーラが売れればその分お客さんを取られてしまうと確信しているわけだから、どれだけ「業界の発展」といっても受け入れるわけがない。

制限多くコーラ売れずファンタで延命

「もはや戦後ではない」──56年の経済白書はそう宣言した。

仁三郎は外貨割当の許可が下りるのを見越して会社設立の準備を進め、56年11月12日、資本金5000万円の東京飲料㈱を東京都港区芝浦に設立した。発起人は高梨仁三郎以下11人。醤油事業を展開していた高梨家と茂木家の同族会社である。アメリカから発起人に加わったものはいない。

9年越しの夢がついにかなった。しかしスタート時の東京飲料は、農林省から外貨割当にあたっての販売先、販売条件、販売価格、宣伝禁止など、がんじがらめにされた状態で始めなければならなかった。

制約はほかにもあった。まず販売先は外国人に限られた。具体的にいえば、外国人が多く利用するホテル56カ所、ゴルフ場20カ所、ボウリング場1カ所、外国人クラブ8カ所、外国人学校11カ所の合計96カ所と、外国公館、横浜港・神戸港・羽田空港の施設内だけである。一般的な日本人にとっては、まだまだなじみの薄い飲み物であった。

次に、販売方法は持ち込み直売のみとされた。価格は24本入り1箱を696円で売ることとされた。1本あたりの売値は29円。当時の物価ではラーメン1杯が40円の時代である。単純に20倍するとラーメン800円に対して580円なので、コカ・コーラは比較的高級品とされていたことがわかる。

話はこれだけで終わらない。1箱696円のうち156円は「超過利潤」とみなされ、国庫に寄付させられるという、とんでもない条件がつけられていた。つまり1本あたりの売り値29円から寄付額6・5円がとられるということである。

値下げを許さない政府によって高い値段で売らされるので売れなくなる。しかも入ってくるお金を政府がとっていくわけだ。圧倒的に不利な状況である。

57年末までの民間用コカ・コーラの販売数量は2万2600ケースで、割当ドルの2割余りの消化にとどまった。つまりビジネスをする上で、とんでもない条件で、さっぱり売れなかったというわけである。

駐留米軍向けに販売していたコカ・コーラも、減少傾向にあった。朝鮮戦争は53年に停戦したあと時間がたっており、駐留軍が縮小傾向にあったためである。そのころのコカ・コーラのメインの消費者は米軍だ。日本人にはなじみがない。だから日に日に小網商店は経営が圧迫されていく。

制限が外されるのはずっと先の61年。ここまで東京飲料は赤字を余儀なくされた。

57年3月から営業が始まった東京飲料だが、がんじがらめでビジネスにならない。そうなると当然、エクスポート社も東京飲料を助けないといけなくなった。

そこでエクスポートが提供したのがファンタだった。もともと第二次世界大戦前のドイツでコカ・コーラ原液が輸入できなくなった現地のボトラーのために、ドイツで開発製造されたものだ。コカ・コーラ原液が輸入できないなら、そのときと同じようにファンタを売ろうというわけだ。

ファンタは輸入原材料なしでできて、外貨割当の必要がなかった。58年にファンタオレンジ、ファンタグレープ、米軍向けにファンタクラブソーダを販売した。このためコカ・コーラ製造の拠点として設置された工場では、ファンタから製造し始めた。とくにファンタグレープが好評となり、これにより仁三郎は一息つくことができた。

小網商店、事業まわらず経営危機！

仁三郎が手がけていたのはコカ・コーラだけではない。販売権を獲得したあとに小網商店は、生鮮食品や雑貨を納入する「日本船舶食品」「ナポリアイスクリーム」「東京畜産」「岩手畜産公社」などを次々と設立。どれも将来有望なものだったが、収益を生むには至っていない段階だった。

会社をつくるのにお金がかかり、会社がまだ稼ぐ体質になっていないわけだから、小網商店からはお金が出ていく一方だ。

仁三郎は、当時をこう振り返る。

「コカ・コーラに熱中したこと、その前後に設立した日本船舶食品、ナポリアイスクリーム、東京畜産、岩手畜産公社などの過剰投資が負担となって、小網商店の経営が急速に悪化した。これらの投資は、いずれも将来有望との見通しの上に立ってのものではあったが、この時点で採算のとれるものはほとんどなかった」

ナポリアイスクリームとは、上質なアイスクリームを比較的高価な菓子店で提供するビジネスモデルである。当然、価格も高めである。「あれは本当においしかった」と語られるが、当時の日本は、手ごろ価格中心の時代だ。高額のナポリアイスクリームはなかなか売れ行きが伸びなかった。

今では、いろいろな菓子店が高額で上質なアイスクリームを販売しており、スーパーにも高めの価格のアイスクリームが並ぶようになっている。だから、仁三郎がナポリアイスクリームを数年出すのが遅かったなら、「日本におけるアイスクリーム事業の父」とでも呼ばれて大成功していたかもしれない。

仁三郎が行った事業は、現在では当たり前にあるもので珍しくはない。しかし、当時は早すぎた。コカ・コーラも、早すぎたからうまくいっていなかった。

コカ・コーラだけがうまくいかなかったのではなく、すべてがうまくいっていなかった。もちろん会社が傾く決め手となったのが、コカ・コーラ事業への進出だった。ついに小網商店に経営危機が訪れる。

仁三郎は、前述のように父から罵声を浴びせられ、まわりも冷ややかな目で仁三郎を見ていた。事業がうまくいかないと、単にお金がなくなるだけではない。まわりに誰もいなくなることにもつながる。

親族にもうとまれ社長を追われる

髙梨家は、千葉県北西部の野田にあり、キッコーマンとゆかりがある家である。小網商店の経営が傾きだしてからは、仁三郎は野田の関係者に迷惑をかけっぱなしだ。仁三郎の妻トシは野田の関係筋に頭を下げる毎日だった。商品がまわらなかったり、支払いを待ってもらったりしたことが多々あったからだ。

仁三郎は父から、「お前が野田に行って謝ってこい」といわれたが、妻のトシが代わりに謝りに行った。これはトシが仁三郎を大切にしていたから率先した面もあろうが、実際には仁三郎が行けなかったためである。

仁三郎は野田から嫌われていた。関係筋に「もう野田には立ち入りません」という誓約書を送っていたほどだ。だから奥さんを通じてしか謝れなかったのだ。当然、奥さんは方々から怒鳴られた。

「あんたんとこのせいで、われわれは困っている。どうしてくれるつもりなのか！」

トシは来る日も来る日も、仁三郎の代わりに怒鳴られ続けた。

仁三郎が親族や取引先などを回り、涙ながらに手を合わせて「融資してください」と頼み込んでも「小網商店はいつつぶれるかわからない。そんな会社に融資できるか！」と断られるばかり。

そこでトシが動く。「私がなんとかします」と仁三郎を励ました。トシは栃木県馬頭の名家の出身だった。ここでどのようなことがあったのか明確にはなっていないが、トシは当面の金を工面してきた。これでコカ・コーラビジネスをかろうじて続けることができた。

日本の復興を信じて、日本人を信じて、アメリカまで行ってトップに啖呵を切ってきた仁三郎。その信じたはずの日本人から黒船扱いされ、業界団体から圧力をかけられ、行政からはがんじがらめの販売方法を強制され、事業の柱だった小網商店を傾かせたために親族からもコカ・コーラをやめろといわれるようになった。

悪いことをしてやろうとたくらんだ人はいない。日本のみんなが幸せになることを信じてコカ・コーラビジネスをしようとした仁三郎がいて、小網商店を心配した優しい人たちがコカ・コーラビジネスをやめろといって、日本の産業を心配した人たちが反対しただけだ。誰が悪いわけでもない。

仁三郎は追い詰められていった。

コカ・コーラの販売数量の増えない状況のなか、ついに仁三郎は経営責任をとって小網商店社長を辞め、弟の笹田伝左衛門（三男の賢三郎が関西でマルカン酢事業を営んでいたが笹田家に養子に入り伝左衛門を襲名）に再建を託した。仁三郎53歳。一般的にやり直しのきかない年齢だった。

「昭和32年9月1日、私は小網商店の社長を辞め、弟の笹田伝左衛門に小網商店の再建を託した。将来の小網商店の発展を目指した新規事業が、こと志に反し足を引っぱる原因となったのは残念である。できることなら引き続きやりたかったが、『あれにまかせておいたら何をやり出すかわからん』ということで、コカ・コーラに専念することになった」

仁三郎は小網商店を辞めたくなかった。何度も「わかってくれ」と叫びたかったはずだ。小網商店を辞めた仁三郎は、コカ・コーラ事業に専念して動こうとした。敵だらけの中でコカ・コーラをやろうというわけである。とはいっても、小網商店の重荷を取り除く必要があった。

仁三郎はこれまで蒐集してきた美術品を東急グループの五島慶太に3億円で売却する。同じく小網商店の負担となっていた食肉部門も東急グループに売却した。

「五島慶太氏の77歳のお祝いとして、東急各社との協力で五島美術館を建てることになり、国宝級を含む美術品を3億円で手放した。これも小網商店とコカ・コーラを救った一部だった」

ストライキで打撃、そして買収の動き

コカ・コーラがなじみのないもので、がんじがらめのなかで売らなければならなかったことが、創業期の東京飲料を苦しめた。このことは多くの文献でも説明されている。しかし現在最も古い時代の小網商店を知る武田彰夫は、このときの苦労についてはストライキがあったことが大きいと指摘する。

創業一年目、エクスポート社から移籍した社員を中心にストライキが発生した。労働争議とは縁遠かった小網商店にとって、元エクスポート社員の労働争議は極めて厳しいものであった。

ストライキのリーダーは「今より給料を上げないと、工場を動かさない」といって、仁三郎にせまった。金がないときに金を出せといわれているわけだ。しかもコカ・コーラの生産はここでしかできないわけで、要求は受け入れざるをえない。当然だが、小網商店の経営は一気に苦しくなった。

このストライキは、仁三郎の手記『私のアルバム』にも記念誌にも記載されていないエピソードである。

小網商店の最後の重荷は、コカ・コーラ事業だ。救いの手というべきか、朝日麦酒の山本為三郎が「小網商店所有のコカ・コーラの株式を適当な価格で買おう」と笹田に申し出た。これは、コカ・コーラ事業が朝日麦酒に買収されることを意味した。経営再建を至上命題としていた笹田だったが、これまでつぎ込んできた労苦を思い、山本の申し出を断る。

この山本為三郎という人物は、一代で朝日麦酒を急成長させた一癖も二癖もある男だ。笹田が事業をゆずってくれないなら、金のない仁三郎に直接交渉したらどうかと山本は考えた。山本は小網商店の経営を傾けた「戦犯」の仁三郎を訪ね、小網商店がもっているコカ・コーラの株式を預からせてくれと伝えた。

「戦犯」の仁三郎は、小網商店の社長を退きながらも、そんな山本に対してコカ・コーラへの情熱を語る。

「コカ・コーラは東京地区だけで1000万ケース売れます！」

「玄人の私に、よくそんなことがいえるな。あんたは『夢の村の村長』だ。三ツ矢サイダーが1000万ケース売れるのに何年かかったと思ってるんだ！」

仁三郎がそのときのことを東京飲料設立当初からの社員だった武田に語ったことがある。

「俺は『あんたがいえる立場か』といいたかったが、いわなかった。ただ『コカ・コーラビジネスは私がやります』とだけいってやった」

悔しかっただろう。山本は三ツ矢サイダーを成功させた自負から仁三郎を笑っていたが、コカ・コーラビジネスのよさを知っていたのだ。だからこそ「夢の村の村長」といいながら、本当はコカ・コーラビジネスをやりたくてたまらなかったのだ。

小網商店の経営状況は、笹田の力で改善していく。しかし、仁三郎の東京飲料は買収提案を拒否したわけだから、まだ苦しみ続けていた。

山本がいった「夢の村の村長」は、仁三郎が銀行と交渉していたときにいわれだした言葉だ。コカ・コーラビジネスが進展しないときに、仁三郎は金の工面のために主力銀行に頭を下げ、また別の銀行に頭を下げる日々が続いた。

そんな仁三郎が、ある大手都市銀行に融資をたのんだことがある。

「コカ・コーラは、やがて1000万ケースを販売できるほどのビジネスになります。そうなればどんどん口座にお金が入ってきます。あなた方銀行さんにとってもいい話だと思います。ぜひ融資をお願いします」

「東京だけで1000万ケースだって？　とんでもないことをいうな。ジュースでさえそんなに売れないのに、コカ・コーラなんておかしなもの売れるわけがないだろう。あんたは『夢の村の村長』だな。もう、おたくとの取引はこれまでだ」

このとき「夢の村の村長」仁三郎が生まれ、助けてくれる人がまた一人減った。

情熱と信念で銀行融資を勝ち取る

「みんなで一緒に幸せになろう」と信念を燃やし続けた仁三郎は、その一緒に幸せになるはずのみんなから嫌われ続け、いよいよ資金面でも絶体絶命となった。
そんな仁三郎が、第一銀行（のちの第一勧業銀行、現みずほ銀行）に融資をお願いに行く。仁三郎から融資をお願いされていた第一銀行虎ノ門支店長が、ある日、頭取とゴルフで一緒になることがあり、ゴルフ場に行く車のなかで支店長は頭取に伺った。

「コカ・コーラビジネスへの融資の許可をお願いします」

頭取は沈黙ののちに意外な一言を出す。

「コカ・コーラか。この前ヨーロッパに行ったら大変売れていたよ」

この頭取の一声で、第一銀行がコカ・コーラを将来性のあるビジネスと判断し、虎ノ門支店は融資に向けて動いた。奇跡が起きた瞬間だった。仁三郎の信念が結果的に融資につながった。いや、正しくはコカ・コーラの事情を知る者とめぐり会うまで動き続けた仁三郎の信念が勝利したといったほうがいい。

奇跡は続く。動き出したのは第一銀行だけではない。58年、仁三郎と五郎は再び規制を取り払ってくれるよう農林省や関係各省に陳情を始めた。仁三郎はコカ・コーラの将来性と常日頃の信念を説明し続けた。

念願かなってか、規制されていた場所に許可がおりることがどんどんと増えていく。58年12月時点で販売が許された場所は1000カ所を超えた。

しかし、反対派も執念深い。わざわざコカ・コーラを販売している場所をカメラで追いまわし、許可されていない場所への納品現場を撮影しては、農林省に持ち込んだ。酒販店の強い要望でファンタのお供として少量納品していたことがわかってしまった。本件では、五郎常務と久住支配人が、農林省から何度も呼び出され叱責を受けた。

ところで、反対派がうるさいなかで、なぜ販売場所が増えていったのだろう。それは、政策が国内産業保護一辺倒でなくなったためである。外貨獲得のためには輸出をしなければならない。

しかし、輸出ばかりすると摩擦が生じる。1カ国だけが幸福をかみしめることは難しいのだ。仁三郎のように「みんなで幸せになろう」としたかは不明だが、輸入を増やすなどして貿易収支のバランスをとる必要がある。そこで、日本からの輸出の見返りとして、コカ・コーラの制限を緩めようというわけである。

販売場所の急増は、真っ暗闇だったコカ・コーラビジネスに、いきなり差し込んだ一筋の光だった。

60年、池田首相は所得倍増論を提唱し、政策を進めていく。経済成長率は毎年2桁になるほどだ。高度成長すればそのぶん、「日本人が金をもつようになったから、うちの商品も売れるだろう」と、世界各国から貿易制限の撤廃や輸入自由化の実現という要求が強まる。そこで政府は自由化を進めることになった。

これがコカ・コーラに追い風となるのだが、この追い風を受けるには、まだ面倒な作業があった。反対派の説得である。

農林省の斡旋で、日本果汁協会、全国清涼飲料工業会、日本果汁農業協同組合連合会の3団体に企業合理化援助費が出ることになった。金額は1億円。出すのはコカ・コーラとペプシコーラである。簡単にいえば、「1億円払うので、コカ・コーラとペプシコーラを自由に商売させてください」ということである。

決して安い金額ではなかったはずだが、エクスポート社の有力者ロバーツは、「自由化が1億円で買えるなんて安い。よく決めてきてくれた」と大喜びし、仁三郎の手を握った。

こうして大幅な自由化がコカ・コーラにもたらされる。まず、調合香料つまり原液の前のコーラエッセンスの輸入が自由化された。つまり、コカ・コーラの原液ではなく香料を輸入するぶんには自動的に許可されるというものである。これで日本でのコカ・コーラの製造が大幅に増えることになった。

自由化はこれにとどまらなかった。外貨割当も自動承認されることとなった。簡単にいうと、輸入が自由となったわけである。さらに、農林省の承認なしで、どこでも販売できるようになった。宣伝も自由になり、最大の足かせだった1本6・5円の寄付も免除された。コカ・コーラに対する姿勢が大幅に変わった。黒船コカ・コーラは「普通の商品」となったわけだ。

信念を執念に高めて希望につなげる

仁三郎はいう。

「商売を大切にしていく心を忘れないでいれば、どんな困難も切り抜けられる。親から反対されても、まわりから反対されても、小網商店を追い出されても、国から反対されても、諦めずに活動していたら、すべてが味方についてくれるようになった」

コカ・コーラは大切なビジネスである、ということがみんなに認められたのだ。

62年、東京飲料㈱は東京コカ・コーラボトリング㈱へと社名を変更した。自由化以降、61年には130万ケース、62年には220万ケース、65年には1000万ケースを達成している。ものすごい勢いで売れ行きが伸びているのはわかるが、これはどれだけすごいことなのだろうか。

かつて朝日麦酒の山本為三郎は、仁三郎が苦しんでいるときに、年間1000万ケースの困難さを語り、コカ・コーラがそれほど売れないと語った。しかし5年で、それを達成したわけである。

少し前まで「コカ・コーラはだめだ」といわれ続けた仁三郎が世界を変えたのが、自由化の時点である。つまり、普通の国産飲料の商品になったからコカ・コーラは売れたのだ。

後年、三國一朗との対談で仁三郎は当時を振り返る。

三國「その間（コカ・コーラ創業期）は、苦しみがあったでしょうね」
高梨「そりゃ金が入ってこないんだから。出るばかりでね」
三國「望みなどは？」
高梨「全然なかったですね」

優れた経営者が、どんな困難な状況でも望みを捨てずに努力し、その結果成功する話はいくつもある。仁三郎の場合、その希望さえなくしていた。そんな希望もお金もなくなっていたときであっても、仁三郎はコカ・コーラを手放さなかった。

個人のもつ希望よりも、みんながかかわれるビジネスを優先する。その執念が絶望的な状況でも、仁三郎を動かし続けたのだ。

「みんなで幸せになる」しくみをつくる

東京コカ・コーラボトリング㈱に社名変更した62年には、テレビCMが放映された。「コ〜カ・コーラを飲もうよ♪」で始まるCMソングは、のちに06年にリバイスされて流れている。

なぜ、仁三郎はここまでしてコカ・コーラにのめり込んだのだろうか。

いかに問屋のビジネスモデルが低い利益率で儲からないものであったとしても、高梨家は名門だ。コカ・コーラ事業が反対されてどうしようもなくなったのなら、さっさと投げ捨てて、家に戻れば安定した生活を送ることができた。なにより重い病気を患っていたわけだから、療養も必要だっただろう。

このことについて、武田は次のように解説する。

「なぜ、仁三郎社長がそこまでがんばったのか。それは、創業の想いにある『人に喜びを与え、一緒に幸福になろう』にあります。仁三郎社長は、コカ・コーラは日本を幸せにするものだと信じていました。現地でつくらせて仕事をつくり、現地で消費させて経済活動を活発にさせる。一社だけではできないシステムです。

このように、コカ・コーラはみんなを幸せにするもの。だからこそ、反対する人がたくさんいても、お金が入らず小網商店が傾くことになっても、販売先や販売方法を制限され、強制の寄付までさせられて、がんじがらめになっても、やる価値がある。なぜなら、みんなが幸せになるからです」

「みんなで幸せになる」システムだから、どんな困難がやってきてもやりぬく。希望がなくなってもやりぬく。そんな強い想いがあったからこそ、コカ・コーラが日本で成功していったのである。

日本人の可能性を信じ、ともに協力し合い幸福をつかんでいく姿を、仁三郎は追い続けた。

「みんなでそろってコカ・コーラ♪」のCMソングのように、コカ・コーラに携わる人が増えていき、発展を遂げることができた。仁三郎がずっと心に描いていた世界だ。

苦境に立たされ、仲間が消えていく。それは程度の差こそあれ、誰もが経験するものだ。仁三郎の場合、まわりに誰もいなくなっていくようなときこそ、まわりの幸せを考え、信念を通すことで、事業の成功の転機を呼んだのだ。

9年もの長い間苦境に立たされ続けた体験から、仁三郎は商談の心がけについて、次のように語っている。


「誠の一字、まごころで人に接する以外ない」


自分が手がけた事業がうまくいかず、後ろ指をさされるようなときにこそ、自暴自棄にならず、敵対する人と向き合うことが大切なのだ。

ところで、この「みんなで幸せになろう」という考え方は、そもそもどこから来たのだろうか。「諦めずにがんばろう」「常に挑戦しよう」みたいなものでもよかったのではないか。実際に諦めなかったからこそ、現在の栄光があるわけだから。

この点について、仁三郎の小網商店時代にさかのぼってみよう。

第3章◉

挑戦と先見力で成功へと導く

仁三郎は常に危機感をもち、新しいことに挑戦した。1964年のオリンピックにわいた東京で、入社8年目の谷川明は、日本橋三越のギフトコーナーにコカ・コーラのセットが並び、多くの人が購入していくのを見てつぶやいた。

「仁三郎社長は、この光景が見えていたんだ」

世界中の誰もが、そのとき、その場所にいたならば、売れるはずのない商品が飛ぶように売れていく様子を見て、そうつぶやいただろう。仁三郎を除いては。

守ってきた流通システムでも変える

今となっては、株式会社があふれているので珍しいものではない。しかし、伝統的な従来の商慣習を破り西洋式の会社をつくろうとする機運が高まらない時代があった。

仁三郎24歳。東京外国語学校卒業後は、よその会社に勤めようかと思ったことがある。今は花王の子会社のカネボウ化粧品へと事業が移った鐘紡という会社があった。仁三郎は鐘紡の株を多少もっていたこともあり、面接試験を受けてみた。しかし、「そんな資産家の子息が、なにも当社に就職することもないでしょう」といわれ、就職するのをやめた。

ならばもう少し勉強しようと思っていたところ、母方の伯父、笹田伝左衛門が、設立されたばかりの小網商店に入るように勧めてきた。これに従い仁三郎は小網商店に入社し、常務に就任した。

そもそも小網商店は、家業が事業形態の主流だった時代に西洋式の企業の形式をとろうとしたことで先進的であった。仁三郎が『私のアルバム』で語っているところによると、野田には事業者がいくつもあり、それらが力を合わせて一つの会社となって活動するのが「大合同」。当時としては先進的な方法だったようだ。

初代社長には篠田伝左衛門がなり、その下の常務に仁三郎を含む3名が就任した。非常勤の役員に仁三郎の父が就任したが、それは24歳と若かった仁三郎の後見役としてである。酒類部は総勢50名という、当時の問屋としては空前の大所帯だった。

仁三郎は、「時の流れとはいえ、野田の大合同は当時の諸先輩の大英断というほかはない」と語る。

若くして常務に就任した仁三郎だったが、「何もわからず、名ばかりの常務だった」と本人はのちに語っている。常務であっても最初の仕事は倉庫番。現在のようにコンピュータで在庫を管理し、フォークリフトで商品を搬入出するようなものではない。重い醤油樽を担いで動かすのが仕事だった。

当時一人前といわれた先輩は、ひょいひょいと商品を担いで運ぶ。みりんの四斗樽（約72リットル入り）、ビールなら4ダースを担いだもので、慣れるまでに相当の時間を要した。営業については、のちにキリンビールの常務になった松本にイロハを教わった。

仁三郎は、特約店制度の不合理を身に染みて理解していた。

メーカーの特約店は、地域ごとにいくつかあった。問屋まで運ぶ途中で瓶が割れたり、約束の期日に届かなかったりして、どこかの問屋で品切れが起きても、別の問屋で買えるというメリットがある。

しかし、輸送機関が発達して、途中で商品が割れるなどの事故は起きにくくなったし、大量に早く輸送できるから品切れも起きにくくなった。そうすると旧態依然で地域ごとにいくつも特約店があると、特約店同士が競争しあうということになる。

これを見事に解消したのが、「小売店に販売できるのは、そのエリアに指定されたボトラーのみ」というコカ・コーラビジネスだったわけである。

仁三郎のように、当時の日本の商慣習を不合理として分析できた人が、はたしてどれだけいただろう。あるいは不合理と感じつつも、それはそういうものだからと諦めてすませてきたのではないか。だからこそ特約店制度は、長期にわたり日本の取引慣行となって根付いていた。

仁三郎には、現状をよしとはとらえず、なぜそうなっているのかを考え抜く力があり、旧態依然の慣習を壊そうとする姿勢があった。そうでなければ、当時の取引慣行で成り立っていた小網商店のやりかたを否定するコカ・コーラビジネスを行うわけがない。

仁三郎がコカ・コーラビジネスを先駆けて行うことにこだわっていたのも、問屋のしくみが一因だ。

当時の問屋は、後発であるほど経営が苦しい。人気のある商品を手に入れて小売店に販売していくためには、特約店にならないといけない。

しかし、メーカーは人気商品の特約店としてなかなか認めてくれない。先に手を挙げて人気商品の特約店になった問屋は、人気商品を流せばお金が入るが、後発は人気商品が手に入らないから、よその問屋から高い値段で買い取らないといけない。

後発の小網商店としては、当然のことながら、有力商品の特約店に入れてもらえなかった。例えば、味の素は国分商店（現国分㈱）から、エビスビールは鈴木洋酒店（現伊藤忠食品）から回してもらい、カルピスなども直取引ではなかった。全員がフェアな状況で競争するわけではない。

そんななかで小網商店は大規模な問屋として発展していったが、特約店の課題や後発としての課題をかかえていた。このことが先んじて、特約店問題の不合理を解決するというコカ・コーラビジネスの優位性を気づかせてくれたのだ。

問屋のビジネスモデルがやがて衰退することを知っている私たちは、このことを聞いてもぴんとこないかもしれない。当時を知る日本コカ・コーラの佐藤登は、仁三郎を次のように評する。

「仁三郎さんがすごいのは、自らが問屋を営んでいながら、問屋ビジネスに将来性がないと見据えていたことです。さらに輪をかけて素晴らしいのは、当時問屋は流通を牛耳り威張っていた時代だということ。あの状況でそこまで先を読むことができたのは奇跡的なことなのです」

結果を知っている私たちでさえ「問題意識が大事」と思ってはいても、本当の問題意識をもつことは大変困難なことなのだということを仁三郎は教えている。

協力関係を築き団結して攻める

同業者大合同の発足当初は、醤油やビールの乱売が始まってはいたが、全店一致協力して市場開拓に努めたことから、業績は伸びていった。

しかし28年から、醤油・ビールなどの乱売、安売りが激しくなった。もちろん値下げ安売り合戦の影響は社員の給料にも響いてくる。会社を問わず、いやな空気が業界にどんどんただよってきた。

このため、醤油は手形制度の実施やキッコーマン、ヤマサ、ヒゲタ三印に出荷比率を設けるなど、問屋業界は価格の安定に向けて力を合わせた。合併が行われることもあった。業者が多いと値下げ競争が激しくなる。ヒゲタ醤油は茂木本家が株を買うことで、傘下に収まった。この合併から過度な値下げ競争が収束した。

業者がそれぞれ努力し競争し合うから、経済活動が円滑になる。しかし過剰な競争もいかがなものだろう。以下は協力し合うことの大切さを示すエピソードでもある。

ビールについては、メーカーの都合で生じる値下げ合戦が始まった。大日本麦酒（分割前の現アサヒビール、サッポロビール）と麒麟麦酒が競って工場を新増設した。工場が増設されれば、つくられるビールは増えるわけだが、つくりすぎたわけだ。そこでどんどん安売りをしていったのである。

33年、大日本麦酒が日本麦酒鉱泉を合併、翌年には寿屋（現サントリー）のオラガビールを吸収した。その上で大日本麦酒と麒麟麦酒が麦酒共同販売㈱を設立。この会社は両社が製造するビールの一切を販売する会社である。これにより必要な量のビールを販売することになり、ようやくビールの乱売が終わる。

このように競争ばかりではなく、業界全体で協力し合うしくみが大切なのだ。このことが後のコカ・コーラビジネスのヒントになったとするのは想像に難くない。自分だけが、自社だけがと考えていれば、いつまでもこの値下げ合戦の無限ループから逃れられず、みんなが不幸になってしまう。

このように問屋の経営にとってはとても厳しい時期であったが、小網商店は一面では攻めの姿勢をとっていた。一つは商品を増やしたこと、もう一つはエリア拡大である。

この時期、小網商店は食品部を新設して、たけのこ、グリーンピースなどの缶詰・瓶詰や、一般食料品の取り扱いを増やしていた。ビジネスの相手は国内ばかりではない。朝鮮、満州、北支への輸出にも力を注いだ。全社一丸となって営業活動を行う積極的な経営で、業績も上がっていった。

東京における大問屋としての名声、実力も備えつつあった。「新しいものを扱うこと」「競争の少ないエリアを押さえること」というコカ・コーラビジネス着眼のもとになった経験ともいえる。

そんななかで大変な思いもする。価格が固定されてしまったのだ。病気から復活した仁三郎は次のように語る。

「その後、体力にも自信がつき仕事に復帰したが、31年9月に発生した満州事変が尾を引き、37年の蘆溝橋事件を契機に、日本の政治経済も戦時体制に一変。人々は自由を失い、物は不足。39年9月18日には『物価等価格統制令』が発令されるに至った」

この日に「9・18価格」と呼ばれるものが定着する。つまり、その日の価格をもって一切の価格が凍結されたのだ。こうなると競争がなくなり、物が店に出てこなくなる。商品は日ごとに少なくなり、ありさえすればなんでも売れる時代となった。

それでは、仁三郎は商品確保のため仕入れに専念したのかというと、そうではない。40年ごろ、小網商店では難局打開のため合同会議を招集し、「新製品研究会」を設置して新製品を取り扱おうとしたのだ。しかも小網商店単体で新製品を取り扱おうというのではない。次々とまわりを巻き込んでいった。

菓子類の販売を計画した小網商店は、同年6月には東京の菓子製造業者150名を招待して、小網商店が菓子問屋として発足することを発表した。これが反響を呼び、多くの商品が集まり、本業の商品不足を補う業績を上げたりもした。挑戦するには一人の力、一社の力ではできない。みんなの力が必要なのだ。

挑戦することで問題を解決していく

41年7月、笹田社長が満州で交通事故死した。「満州は将来大きな市場になると思うので、今のうちに食酢の工場でもつくろう」と、6月の末から天津、北京方面の視察のため出張していたときのことだった。

築地本願寺での店葬の後、すぐに社員総会が開かれ、仁三郎が代表社員すなわち社長に選任される。仁三郎37歳。会社をまかせるには十分とはいえ、戦時の混乱を抜けるには、やや若い年齢であった。

すでに戦争は拡大し、酒、ビール、醤油などはもちろん、物資は急速に窮乏していた。東京酒類販売という会社が設立されると、酒類問屋はひとつに統合された。商品は配給制となり、小網商店の酒類部もまるごと東京酒類販売に転出させられた。

43年には、醤油部も配給統制のため東京醤油統制という会社に転出となった。みんなが仁三郎のもとを離れざるをえなかった。

清酒と醤油の2大商品の販売が統制され、続いて味噌も統制会社に統合され、残ったのは雑酒と雑品だけになった。小網商店のビジネスが成り立たなくなる。まったく火の消えたような寂しさである。

つい最近まで220名いた社員も、統制会社への転出（約70名）や相次ぐ出征、徴用などで、店内は老人と女子が目立つだけとなった。空き机ばかりとなった43年春には、川端の小さな事務所に引っ越した。

当時、東大農学部教授の坂口謹一郎博士を中心につくられていた「戦時下食糧対策懇談会」

で、木原芳次郎博士考案の「圧搾甘藷」をつくろうということになった。これは、生芋を破砕して酸を加え水圧をかけて乾燥したもので、食糧不足の当時の苦肉の策のひとつであった。銚子醤油（現ヒゲタ醤油）の倉庫を借りて、生芋を集め試作品をつくったところ、食糧として十分使える好結果が出たものである。

そこでこれを工業化するため、小網商店は千葉県の昭和物産のでんぷん工場を買収した。その年の秋には国策にそって生芋を集荷、破砕し、それなりの実績を上げた。しかしもともと小網商店は問屋である。「初めての慣れない工場労務に、毎日泣き笑いの生活だった」と仁三郎は語っている。

翌44年になると、戦局は日増しに熾烈化し、雑酒も統制組合に吸収された。秋には小原哲二郎博士考案による食パン発酵のための「糖素」の製造を始めたりもした。そんななかで、戦火が激しくなっていく。

仁三郎は次のように語る。

「年末になると、大丈夫といわれていた東京が初めて爆撃され、以来、毎日毎夜の空襲で、私も社員も巻きゲートルに鉄かぶとの姿で、その日その日の無事を祈るほかはなかった」

45年3月の「東京大空襲」では、東京の主要部分が一瞬にして焼土と化し、小網商店も本店事務所をはじめほとんどの倉庫を焼失した。「お互いなんとか生きていこう」と励ましてはみたものの手のほどこしようもなく、その焼け跡にただ茫然と立ち尽くすのみであった。

8月15日、ついに「終戦の詔勅」が下された。このとき店にいたのは、仁三郎含め7名。やむなく小網商店は当分休業することとし、社員には給料3カ月分を前渡しで支給した。

みんながいるから挑戦できる。しかし、仁三郎のまわりには誰もいなくなった。

焼け野原の東京で、人々は食糧を求めて右往左往するばかり。荒廃の地で仁三郎が手がけたのは、工場の復興である。パンとはいえないようなパンを売って、生きる張り合いを小網商店の存続に求めて過ごし、社員をいつも励ました。

挑戦するのは自分ばかりではない。みんながかんばるから挑戦できるはずだ。そんな想いで過ごしていた47年の大晦日、小網商店を訪れた得体のしれない男が、仁三郎にコカ・コーラの情報を語る。ここから日本のコカ・コーラビジネスが始まったわけだが、なぜ仁三郎はこの話を真剣に聞いたのだろう。

仁三郎は、まだ戦火に囲まれていないときには問屋制度の問題を直視し、何もない時代にも果敢に新しいことに挑戦していった。そんな姿勢でのぞんでいたから、コカ・コーラの存在に反応したのだ。

小網商店では、何もわからない段階で常務になり、世界情勢がどんどん混迷を深めていくなかで挑戦していったのが仁三郎だ。

果敢に挑戦すること、挑戦できない場合でも問題を直視すること。それは仁三郎個人ががんばればいいというものではない。「みんなで幸せになる」と信じること。これが人生を大きく変える種になる。

いつ芽生えるかわからないし、いつ実を結ぶかもわからない。だからこそ種をまいていく必要がある。不確実でどうなるかわからないからこそ、数多くの挑戦をする必要があるのだ。

後年、コカ・コーラの大ヒットのあとに、仁三郎は次のように語る。


「コカ・コーラはワンオブゼム。新しいことに挑戦しなければだめだよ」

仁三郎は、大ヒットの後にも多くの事業を手がけていく。その挑戦は、「みんなと一緒に幸せになりたい」と願ったからこそ実を結んでいくのだ。

誰もやりたがらないコカ・コーラビジネス

仁三郎がコカ・コーラビジネスを展開し、日本人も一般的に飲むようになったコカ・コーラであるが、それ以前から販売されてはいた。宮本惇夫の『コカ・コーラへの道』によれば、14年の高村光太郎の詩集『道程』のなかの「狂者の詩」に「コカコオラ」の文字があり、19年には、明治屋によりコカ・コーラの輸入がなされていた。

東北大学の河野昭三教授は、11年に聖路加病院の薬剤部が、コカ・コーラを瓶ではなくカウンター式の喫茶店方式（濃縮された原液を炭酸水などで割り、蛇口から注いで提供するソーダファウンテン）で販売していたことを明らかにしている。

高村の詩から抜粋する。

吹いて來い、吹いて來い、秩父おろしの寒い風……（中略）
何處かで誰かが　ロダンを餌にする
コカコオラ　THANK YOU VERY MUCH……（中略）
銀座二丁目三丁目、それから尾張町……（中略）

コカコオラもう一杯……（後略）

銀座尾張町には聖路加病院薬剤部があった。そのことから、詩にある尾張町とは、ここの薬剤部と考えてよいだろう。さらに「コカコオラもう『一杯』」となっているのは、瓶売りのコーラではなくソーダファウンテンだから「一本」ではなく「一杯」なのだ。

明治屋の輸入も、エクスポート社以前のことで、極東地域への販売は、マニラのサン・ミゲル・ブルワリー社が担当したのが嚆矢だ。河野は、フィリピン経由で明治屋に入ってきた可能性を指摘する。

かなり以前から飲まれていても、ボトラーをやろうと考えた者は一人もいなかった。コカ・コーラは、当時の日本人にとって一般的な清涼飲料ではなく、一部の人にだけ受け入れられていた得体のしれない飲み物だった。

得体の知れない世界にも宝を見つける

仁三郎が活躍した時代、「コカ・コーラはおいしいもの、だから売れるはず」で日本に持ち込まれたのではない。得体のしれない〝黒いジュース〟だった。仁三郎はそんなわけのわからない世界に宝をかぎつけ、日本で売れる自信をもって事業を始めた。そして、今や誰もが飲む商品となった。

仁三郎が初めてコカ・コーラに出合ったのは、47年の大晦日に訪ねてきた男からの情報よりも前のこと。友人のテニスプレーヤー宅を訪問したときだ。大勢の外国人客も招かれている場に、お茶の代わりとして出された。明治屋の輸入によるものだろう。

東京コカ・コーラボトリング50周年記念誌『さわやかさを拓いて』は、そのときの仁三郎の感想を、次のように紹介している。

「びんを手に取り興味本位で味わってみた仁三郎は、そのときの印象を『一種の薬くささを感じたものの、これまで経験したことのない味だった』と語っている」

読者のなかには、ここで違和感を覚えた方もいるだろう。食品関係に携わる企業家は、その後自らが販売する商品との出合いでは、それを絶賛するものだ。

例えば、カルピス創業者の三島海雲。三島は中国大陸でカルピス開発のヒントとなる酸乳と出合っている。彼は酸乳の味はもちろん栄養の点でも感動を覚え、これを改良してカルピスを開発した。また、エスビー食品の山崎峯次郎は、カレーを食べてその味に感動し、苦心の末に日本初のカレー粉を開発している。

つまり、食品を販売する企業家は、出合った味に感動し、「おいしいものだから売れるはず」と考えて事業化しようとするのが一般的だ。

これに対し仁三郎の場合は、「一種の薬くささ」と形容している。驚異的なのは、これが会社の記念誌に掲載されていることだ。普通の記念誌ならば、「これまでにないおいしさを感じて、さわやかさを覚えた」とでも書くところである。

少なくとも当時の仁三郎にとって、コカ・コーラは必ずしもさわやかな清涼飲料ではなかったのだ。仁三郎だけではない。当時の日本人にとって、コカ・コーラは得体のしれない黒いジュースだった。

谷川は東京飲料に入社して初めてコカ・コーラを飲んだ。今の感覚なら、入社前にその会社の商品であるコカ・コーラを飲んでいるのは当たり前で、その成長性を見込んで入社となるのだろう。

しかし、当時コカ・コーラは一般の日本人に販売されておらず、外国人向けの販売のみであった。だから入社してから飲んで知るという順序になる。

さて、初めてコカ・コーラを飲んだ谷川だが、かなりの量を残してしまった。黒くて炭酸が入っていたことが、口に合わなかったのだ。

谷川によれば、当時の日本にコカ・コーラを受け入れる雰囲気はなかった。なんといってもコカ・コーラは黒い。当時の清涼飲料は、サイダー、ラムネ、それから終戦時に入ってきたバヤリースだけ。そんななかでコカ・コーラの黒さは、見た目からしてネガティブである。そして仁三郎が語ったように、当時の日本人にとってコカ・コーラは独特な匂いをもっていた。

今でこそコカ・コーラは、子供からお年寄りまで幅広い日本人に受け入れられている。その味を知らない日本人はかなり少数だろう。しかし、当時としてはとても広く受け入れられるとは思えないものであった。

商品より流通システムに注目する

昔の日本には「特約店」という制度があった。私たちが商品を買う店が小売店、商品をつくっているのがメーカー、そのメーカーと小売店との間を卸が調整している。この卸を担当するのが問屋であり、メーカーから見て自社商品を取り扱う問屋を「特約店」としている。

モノの流れとしては、メーカーがつくった商品を特約店（問屋）に販売し、次に特約店が小売店に販売するというリレー方式で物流が成り立っている。

当時の問題は、メーカーが特約店をたくさんつくる影響である。あるエリアに特約店が1つあって商品を売っている。それが2つ3つと増えていくと、同じ商品なのに特約店同士で競争が始まるからだ。

例えば、エリアに特約店AとBがあった場合、AはBに負けまいと「商品をたくさん買ってくれたら1割引きにしますよ」と小売店にいう。すると小売店にはAの商品ばかり流れるので、Bは「うちは2割引きで売りますよ」といって対抗する。そこで、AとBの間に値下げ競争が始まってしまう。

この場合、値引きした分は特約店の負担である。小売店や消費者にしてみれば、A経由でもB経由でも同じ商品なのだが、こういう状況が当時の日本にはよくあった。だから問屋はいつも労多くして利益少ない状況になる。仁三郎は、このことをよく思っていなかった。

また、当時の酒類流通の不合理だったのは、ビールメーカーが圧倒的な力をもっていたことである。ビールメーカーがサイダーも売っているので、問屋が独自に清涼飲料を売ろうとすると、ビール会社から圧力がかかる。それをなんとか乗り越えてうまくいったとしても、ビールメーカーがその事業を買収することもあったほどだ。このようにメーカーの地位、問屋の地位、両者の関係が固定されていた。

だから、エリアを決めてそこで現金販売できるコカ・コーラのシステムは、この構造を壊す新しい流通のやり方だと、仁三郎は感じた。つまり仁三郎は、コカ・コーラという商品自体よりも、この流通システムにほれ込んだわけである。

なお、麒麟麦酒が生麦工場を建て、問屋が過剰販売に苦しんでいるときに、明治屋も苦しめられた経緯をもつ。明治屋も麒麟麦酒も、同じ三菱グループだ。過剰生産を押し付けられたときに、構造上の矛盾を感じていたはずである。

そんな明治屋も後年、仁三郎の後に富士コカ・コーラボトリングに資本参加したのは歴史の面白さではある。

先見性で新ビジネスを開拓する

仁三郎は、時代よりも常に一歩先を行っていた。これも、結果を知っているわれわれは「仁三郎はたしかに先見性がある」で終わってしまう。だが、先見性があるということは、周囲から理解されないということでもある。

小網商店の専務だった館三郎は、「社長はいろいろな事業のアイデアをもっていたが、当時のわれわれにはその考えが理解できず、どうしていいかわからなかった」と語っている。そんなエピソードを紹介しよう。

社有不動産の管理をしていた荏原信太郎は、仁三郎が千葉白浜、伊豆大島、南紀白浜の海沿いに土地を買っていたときに、それらの土地をいったい何に使うのかさっぱりわからなかった。そこで、仁三郎をよく知る人に聞いてみると、次のような返事だったという。

「これから、おじいさんとおばあさんのお年寄りの時代が来る。そんなお年寄りは、毎日家に閉じこもっていてもしょうがない。楽しく船にでも乗せて日本の色々なところに連れて行ってやったらいいじゃないか」

そういうことで海沿いに土地を買っていたわけである。高齢化が進んだ現在となってはこの構想は目新しいものではない。高齢者向けのツアービジネスなどいくらでもある。しかし当時は、高齢者といえば隠居して家にこもるのが普通と考えられていた時代で、旅行など考えられなかった。

「仁三郎は何を考えているのかわからない」と思われていたのだ。これを現在の視点でいえば、「仁三郎は優れた先見性をもって行動をした」ことになる。

コカ・コーラビジネスをずっと反対ばかりされていた仁三郎は後年、振り返る。

「みんなコカ・コーラを研究していないんですよ。コカ・コーラを研究した人で反対した人はいません」

困難にぶちあたっても進んでいく仁三郎の姿は力強い。しかし、実は仁三郎には自分に降りかかる困難を予測していたフシがある。つまり、コカ・コーラ事業は最初はうまくいかないと思って始められていたのである。

そのことがわかるのが、五郎常務にあてた手紙である。これは仁三郎がアトランタのエクスポート本社で啖呵を切り、販売権を獲得して帰ってくる際に書かれたものである。

「何年もかかったが、とうとう東京地区のフランチャイズをもらった。しかし、外貨の割り当てをもらうのは非常に困難で、これからが本当の苦労となるだろう。また首尾よく事業が始められても、うまくいくには3年、5年とかかるだろうから、それまでは赤字覚悟だが、成功するまでがんばろう」

ただし、実際には輸入許可が遅れたことで予定通りではなかった。それが5年でできたのは、輸入許可が出て東京飲料を設立したところまで。厳密には、小網商店社長を辞任してコカ・コーラ事業に専念するのが、手紙を書いてから5年後、57年の仁三郎の姿だった。

しかし、コカ・コーラ事業に専念して4年後の61年に赤字を解消していた。となると、創業から計算すれば5年後のことだったわけだから、その意味では仁三郎が予測したことは現実になったことになる。

カバーしあえる経営のパートナーをもつ

大変な時代にコカ・コーラビジネスの夢を仁三郎がもち続けられたのは、精神力によるところが大きいが、決して無視できないのが弟の五郎の存在である。

当時の日本人にとって、コカ・コーラはわからない世界。仁三郎は、なぜそれほど自信をもってコカ・コーラビジネスを進めようとしたのか。その大きな理由は五郎にある。

仁三郎は51年7月に五郎常務をアメリカに派遣して、広大な飲料市場やコカ・コーラの販売状況、ボトラーの工場などを視察させ、事業の発展性と将来性に確信を深めた。仁三郎も翌年渡米し、コカ・コーラ本社相手に声を荒らげるわけだが、このコカ・コーラビジネスに確信をいだかせた情報をもたらしたのは五郎である。

谷川は語る。

「五郎常務がいたからこその仁三郎社長。仁三郎社長の『俺がやるんだ』だけでは、コカ・コーラはうまくまとまらなかったでしょう」

髙梨家から出た東京帝国大学出身者であり、高島屋での経験もある敏腕ビジネスマンだった五郎は、まさに右腕だった。

仁三郎がおおらかさをもったタイプなのに対して、五郎は真剣にやらないとすまないようなシャープさがあった。五郎は50歳で亡くなるが、あと10年生きていたらいろいろ変わっただろうともいわれている。

経営史のなかでよく引き合いに出されるのが、ホンダの本田宗一郎と藤沢武夫。技術の本田と経営の藤沢が力を合わせたからこそホンダは成長した。ソニーの井深大と盛田昭夫もそういったコンビだ。

実は、東京コカ・コーラボトリングもそんな二人で能力をカバーし合う経営だった。仁三郎社長が大きく方向性を打ち出し、五郎常務が経営能力を発揮するという関係で、バランスがとれていた。

このような経営の場合、タイプが異なるわけだから、ケンカはしても分裂しないようにしなければならない。仁三郎にとって五郎は大きな存在だったはずだ。髙梨家6人兄弟のなかで、仁三郎ともっともウマが合い、周囲や家族までもが反対していたコカ・コーラを支援したのは五郎だけだった。

そんな五郎は、73年に心臓発作で急逝してしまう。秋には日本経済をゆるがすオイルショックが起き、これを境に業績も下降に転じる。

理解者が現れず四面楚歌になる状況もある。信念が曲がりそうなときでも筋を通していくためには、五郎のような人物がそばにいることがどれほどありがたいことか。

予測できないことを人より先にやる

本章の冒頭の「仁三郎社長は、この光景が見えていたんだ」というフレーズ。谷川は入社8年目にして、ようやくコカ・コーラが素晴らしい飲み物だと思えるようになった。入社当時は1本飲み干せなかったものが、一流デパートの贈答用として飛ぶように売れたのだ。

どんな飲料でも市場に参入すれば、それなりの需要は生まれる。谷川だけでなく東京飲料創業当時の人たちは、市場を席巻するようになるとは想像できなかっただろう。まさにスカッとさわやかコカ・コーラである。

谷川明。のちにカルピスに移籍して東京カルピスビバレッジの社長になる。コカ・コーラとともに清涼飲料業界一筋に歩んだ彼が当時を振り返る。

「私が経営者だったら、おそらく一本飲めなかったコカ・コーラを『日本人相手のビジネスでは駄目だろう』と決断したと思う。その度胸と決断力に敬服するばかりです」

企業家はまわりの人が考えつかないこと、しかも通常受け入れられないことを考え、行動するものだ。スティーブ・ジョブズがｉＰｈｏｎｅを発表した07年、使いづらいタッチパネルの携帯電話という評判が多かった。

しかし、それからたった8年後の15年には、スマートフォンが世界の主流となり、ガラケーと呼ばれた携帯電話はかなりマイナーになった。あのとき、どれだけの人がこの世界を予測しただろうか。

普通の人にはわからないからこそ、先にやっておくことが重要になる。仁三郎はスペンサーを訪ねていた時期がある。そのたびにコカ・コーラの歴史・現状、経営理念、販売方法などについて詳しい説明をしてもらった。「フランチャイズ制」「ルートセールス方式」「現金主義」などは、これまでの日本の商慣習にはまったくなかった、斬新で合理的な商売のやり方である。

問屋制度の不合理と矛盾に長年悩み苦しめられてきた仁三郎は、そのコカ・コーラビジネスに魅了され、「なんとしてもこれを自分の手で日本に導入し、広めよう」と決意した。

仁三郎は「先んずれば人を制す」ことを重視していた。幸せは待っていてくれるものではなく、行動し努力しなければつかめないものなのだ。

コカ・コーラ以前の小網商店は後発で小さかった。一番人気の商品は先発した大規模な問屋にとられてしまう。だから小網商店は二番手のものしか仕入れることができなかった。その構造が変わらないという状況が続く。

56年の東京飲料設立から、仁三郎は多くの苦難を乗り切ってきた。その後、自由化になる少し前の60年に、キリンビールがボトラーとして参加し、京都・大阪・兵庫をエリアとする「近畿飲料㈱」を設立した。

同年リコーと地場企業家により福岡・佐賀・長崎をエリアとする「日米飲料㈱」が、61年に日魯漁業により愛知・岐阜・三重をエリアとする「中京飲料㈱」と、三菱商事により神奈川・静岡・山梨をエリアとする「富士飲料㈱」が設立された。

2社目のボトラーからは、自由化のめどが立って、うまくいくことがほぼ確実視されて参入してきた事業者である。まさに「先んずれば人を制す」。仁三郎は、どうなるかわからないとまわりが手をこまねいていたときに手を出した。大変な苦労もしたが、それだけ得るものも大きかったのだ。

そして、「何をやっているかわからない」からこそ、「みんなで幸せになろう」と仁三郎はいい続けたのではないか。自分のアイデアは理解されなくても、信念は理解されやすいということだ。事実、コカ・コーラの導入で事態は一変したのだから。

先見性のある人はまわりから理解されず、何をやっているかわからないといわれることがある。もし大変な気づきを得て周囲の人に話しても、想いが伝わらないことはよくある。一人で戦わないといけない場面もある。

だからこそ、仁三郎にとっての五郎のように、協力してくれる人が現れたら、その人を大切にしなければならない。

社員の身分で、上司がわけのわからないことをいい出すことがあっても、それは単なる道楽や的外れではない可能性を考えたほうがいい。えてして先見性のある人は、周囲から理解されないものだからである。大切にしなければならないのは、協力者だけではない。

次に、仁三郎の人との接し方について見ていこう。

第4章◉どのように人と接するか

「とにかく、みんなと一緒にやろうや。いい会社になるよ」

57年3月の東京飲料入社式での高梨仁三郎の挨拶には業績を上げる話などなく、いい会社になろうという一点を強調していた。

仁三郎は、スピーチを軽視するほどビジネスライクな人物ではない。忙しかったこともあるだろうが、それぐらいでスピーチを手抜きすることはない。この短い語りかけに込められた想いは、その後のコカ・コーラの発展を象徴していた。

正体不明の男でも有力な情報源

以前から面識のある久保山という男がやってきた。彼の連れが、正体不明のコカ・コーラの情報をもち込んだ男である。名前は「某」としか記録に残っていない。この某が、「コカ・コーラは、基地で米兵がよく飲んでましてね。アメリカ本土でも大変売れています」と話したことが、ことの発端だった。

念のために書いておくが、この話は久保山が正体不明の男にだまされてやってきたというものではない。久保山は、易者をやったり軍関係の輸送をやったりして九州にたどり着いたという変わった経歴をもつがまじめな男で、仁三郎は二人に情報料として報酬を出している。

このエピソードは、なかなか興味深い。通常、自社商品を全国に広めた企業家というものは、その商品のきっかけとなる誰かとの出会いは、だいたいきちんとしたエピソードとして残っている。仁三郎の場合は、久保山と某という男がビジネスの起点であるところが、通常の企業家と大きく異なっている。

清涼飲料業界5兆円、どこでもドリンクが飲める世界をつくった仁三郎だが、そのきっかけがこのような出会いだったわけだ。悪くいえば怪しい人とも付き合いがある、よくいえばどんな人とも付き合う懐の深い人。それが仁三郎だった。

谷川は、その来るもの拒まずの精神を語る。


「仁三郎社長は、フィクサーと呼ばれる人が来ても嫌悪せず迎え入れました。人を拒まないから、本当にいろんな人がやってくる。コカ・コーラ事業が傾いたとき、五島慶太に美術品を売ったりしているけれども、実はそれができたのも仁三郎社長のそういう姿勢があったから五島慶太につながっていったわけです。

人を拒まないそんな人だからこそ、怪しい人たちから何度も騙されていました。しかし、仁三郎社長が大切にしていたことは、裏切られてもやり返さないことでした。その姿勢が経済人、学者から怪しい人々まで、多くを呼び寄せたわけです」


その後、業者なのに少佐待遇という一癖ありそうなスペンサーという人物と意気投合したこともある。それがエクスポート社のマネジャーだった。通常の感覚では怖いと感じて引き下がるようなことでも、仁三郎は次々とチャレンジしていった。

成功を引き寄せる方法として、まず玉石混交でも人を引き寄せるという考え方がある。怪しい人も一緒に来る。それでも、そのうちに本物のいい人と出会えるというわけだ。

荏原は、次のように語る。

「仁三郎社長は、来るもの拒まず、去るもの追わずでした。一度止めようとしたのですが、こちらがちゃんとしていれば誰が来てもいいといっていました」

日本を変えた男は、人付き合いのスケールが大きい。付き合うということについての考え方からして違う。後年、三國一朗との対談で、仁三郎は次のように語っている。

「私はどんな人にでも会いますよ。どれだけ騙されたかわからないが、こっちさえちゃんとしていれば、誰と会っても怖くないさ。金を出せといわれれば出す」

懐の深さも感じられるが、逆に一般的な常識からはかけ離れてもいる。金を出せといって金をもらえるのなら、真実はどうであれ適当なことをいって金をもらおうとした輩もいただろう。古美術にはまっていた仁三郎は、やたらとへんなものを買わされたこともある。

荏原は先輩がいっていたことを語る。

「古美術商にはいいかげんなものを高値で売る者もいます。さすがに部下が、『社長、わかっていて買っていらっしゃるのですか？』と聞いたことがあります。すると『だまされてもいいんだよ。だまされるふりをしているうちに本物が入ってくるんだ。お前たちのいう通り追い払ってみろ、誰も来なくなって本物も手に入らなくなるんだよ』といっていました」

これはコカ・コーラビジネスと出合ったときのヒントになっている。怪しい男を追い払っていたら、コカ・コーラビジネスの話が仁三郎のもとに来ることはなかった。ビジネスチャンスをつかむために、仁三郎はいろんな人と会っていた。まさに広くて大きい人であった。そんな仁三郎をまわりは、「夢の村の村長さん」と呼んでいた。

夢の村の村長さんだからコカ・コーラと出合えたし、度重なる妨害があっても事業を進めようとした。事実、それで会社は大きくなったし、業界は発展してわれわれの生活様式まで変えた。

来た人にお金を払うことの意味

コカ・コーラは多くの抵抗のなかで日本に導入された。そのときに絡んでくる人にお金を払うことは無意味ではない。お金を出して自由化を買った（買わされた）ことなどエピソードはいくつもある。

まず、「構造改善事業計画」である。

全国清涼飲料工業会とコカ・コーラとの間で対立が起きた。間に入ったのは農林省だ。そこでの折り合いの条件は、コカ・コーラがメーカーの「構造改善事業計画」に2億円の資金援助をするというものだ。コカ・コーラは割り当てられた金額を支払い、72年に全国清涼飲料工業会に加盟する。そして06年には髙梨圭二が会長を務めるほどになる。

「結局は農林省の斡旋で、メーカーの集約事業を中心とした構造改善事業に協力する形で決着した。その援助資金としてペプシコーラ、麦酒協会も含め2億2000万円（うちコカ・コーラ2億円）を負担させられた。お金についてはこれが2度目で、最初は自由化を控えた60年の輸入自動割当制移行時だった。

コーラ原液輸入反対派の日本果汁協会、全国清涼飲料工業会、日本果汁農協連の3団体に、コカ・コーラとペプシコーラが計1億円を企業合理化援助費の名目で出している。当時の1億円は大きいが、輸入自動割当制で、原液の輸入からその一部の調合香料の輸入ですむことになり、コストが下がったうえ、外割時の1本当たり6円50銭の差益金も免除されたのは大きかった」

次に、コカ・コーラが行っている販売権利金が独占禁止法に違反すると攻撃された。これはコカ・コーラが店に支払うお金のことで、広告ポスターを貼ってもらうなどの広告料である。当時は商慣習として普通に行われていたものだ。

この68年末から、「反コカ・コーラ運動」は大きくなった。

「コカ・コーラは豊富な資金力を背景に、キーマネーにより、われわれメーカーの得意先（小売店）を奪っている」

客観的に見れば、「儲かっていそうだから絡まれている」ように見えてしまう。なんとか支払わずに切り抜けられなかったのかと余計な心配までしてしまいそうだ。

しかし、これは仁三郎の姿勢であった。どんな人にでも会う。金も払う。そうしてきたからこそ、コカ・コーラが単に自分だけが儲かるためのビジネスではないと認識された。その結果、日本に受け入れられるようになったわけである。

人の話をよく聞き、恩は忘れない

谷川によれば、仁三郎は誰に対してもおおらかな態度で接し、人の話を丁寧に興味深く聞いた。決して見下すことはなかった。話が終わると、必ず笑顔で「そうか、わかった」といった。そこには風格とオーラがあった。

仁三郎に会っていやな思いをした人はいないという。別れるときは和やかな気持ちにされてしまう。それだけ人間的に大きくて素晴らしい人だったという。

当時の仁三郎のもとで働いていた社員たちは、仁三郎の大きさをよく知っている。とくに利害を度外視する姿勢とあわせて、次のようなことを語っている。

「相手の出方次第で変わるということはありませんでした。儲かっても儲からなくても、そんなことするなというのが仁三郎社長でした」

相手が誰であれ、損得より信頼で結ばれたビジネスほど長続きする。だから事業を発展させるためには、この「長続きする」取引相手を育てることが肝である。そんななかでもとくに大事なのは「恩を忘れない」ことだった。

仁三郎は名刺交換によって、さまざまな人物の名刺を膨大にもっていた。そのなかに、第一銀行の井上頭取がいる。

コカ・コーラを輸入しようとしたところ、数々の妨害に遭い、もう駄目だというところまで追い詰められ、銀行に融資のため頭を下げ続けた日々がある。どこも首を縦に振らなかった。当時、うまくいくビジネスとは誰も考えなかったからである。創業当初の雲行きの怪しいコカ・コーラ事業に、融資などするはずもなかったのだ。

そんな状況で、第一銀行だけは出してくれた。その後、軌道に乗ってからはいろんな銀行が口座をつくらないかと話をもってきたのだが、一番大事にしたのは第一銀行である。

コカ・コーラが軌道に乗ってくると、ルートセールスから帰ってくる営業マンのポケットには札束があふれていた。そんな営業マンたちが集めた現金が、そっくりそのまま第一銀行に入っていく。

売り込みに打算では動かない。恩に感じたことは裏切らない――それが仁三郎の経営である。このため東京コカ・コーラのメインバンクは、みずほ銀行になった。仁三郎の義理がたさがうかがえる。

新入社員に「いつ辞めてもいい」発言

入社式などで新入社員向けに仁三郎がよくいっていたのが、以下の言葉である。

「いやだと思ったら、いつでも辞めなさい」

現在のように大学進学率が高くなかった50年代は、大卒の就職先は官公庁と大手企業のホワイトカラーが相場である。しかし東京飲料の仕事は非常にハードだ。重労働なので、強健な人がコカ・コーラビジネスに求められた。長く仁三郎についていた武田彰夫も五郎常務もラグビー部出身。武田は五郎から「体を見込んで採用した」とからかわれて小網商店に入社した。

さて、大卒新入社員であっても肉体労働が待っているので、考えようによっては人目が気になる仕事であった。ついこの前まで大学を飄々と歩いていたのに、卒業して就職したら、瓶の上げ下ろし1回に30分かかる肉体労働をする。コカ・コーラの仕事は、決して楽なものではない。

谷川は休日のモーターショーでの販売に駆り出された。ユニフォーム姿で屋外でコカ・コーラを冷やし販売しているところに、大学時代の友人が来た。「お前何やってんだ？」と笑われた。当時、大学を出たらスーツを着込んだホワイトカラーの仕事をするもので、ユニフォームを着る仕事はアルバイトかパートがやるものと見下す社会だった。

荏原は、「ユニフォームを着て外に出るのが恥ずかしかった」と当時を振り返る。持ち場は六本木と赤坂。学生時代に飲み歩いていた街だ。卒業してコカ・コーラに就職したとたん、行きつけの喫茶店やレストランは取引先となる。荏原が初めて営業に向かう。

「こんにちは。コカ・コーラです」

「え？　えばちゃん？」

かつてお世話になった店のマスターから声をかけられると、ユニフォームを着ている荏原としては、とてもばつが悪い。

大卒が今のように一般的でない時代に、東京飲料は140人採用のうち大卒が120人を占めていた。この数字は大卒が極めて多い特殊な会社であることを意味した。そして、東京飲料で彼らに与えられた仕事は、①運転、②納品、③ディスプレイ、④広告、⑤マーチャンダイジング、⑥集金、⑦空き瓶回収という「7つの仕事」。どれも意味あるものだが、どうしてもユニフォームを着ての作業である。辞めていった大卒はたくさんいた。

しかも、設立間もないころの東京飲料は業績がおぼつかない。沖縄に配属された前田明は

創立27周年

WAVE出版

図書目録Ⓟ
2014年6月
発行

www.wave-publishers.co.jp.
〒102-0074 東京都千代田区九段南4-7-15
TEL 03(3261)3713　FAX 03(3261)3823
振替00100-7-366376 E-mail:info@wave-publishers.co.jp

表示は本体価格です。
送料 300円

WAVE出版のめざすもの

小社は、「混迷の時代をいかに生きるか」という難問に、読者とともに立ち向かう姿勢で出発しました。

現代社会における「第四の権力」巨大マスコミは、肥大化と商業主義の果てにその自浄作用を失い、いま自滅の危機に瀕しています。使命感や責任感が欠如した言論の危機状況の中で、出版界も、「活字離れ」などと、自らの怠慢の責めを読者に転嫁するのではなく、「出版とは何か」の基本理念に立ち返り、その創造に全力を挙げることしか、危機を脱する処方箋はないと考えます。

１９４５年の敗戦以来、古き出版人は、自らの失敗に学び、平和の礎としての揺るぎない文化の普及啓蒙を責務として励んでこられました。

そして今、われわれ新しき出版人は、「平和すぎる時代の文化の敗退」状況を目の当たりにし、読者不在の元凶「顔のない文化の一方的発信者」の座を捨て、自らも含めた生活者の視点に立った、未熟でも人間臭い、ささやかで、そして切実な出版活動に挑むべきだと思います。

小社は、ひとりひとりの生身の人間が抱き悩む「素朴な疑問と豊かさへの渇望」に応え、不正や腐敗を質す出版ジャーナリズムの原点に立ち、強い批判精神を柱にしたユニークな書籍の編集に全力を注ぐことを誓いたいと思います。

微力で青き理想ではありますが、活字文化に携わる者の「草の根」の営みに、読者諸賢の永くあたたかきご支援を期待してやみません。

代表取締役社長　玉越直人

◎2014年に出た本

じゃんじゃん解ける10パズルPrime! 10《テン》ぷら!
富永幸二郎著

新しい算数パズルの誕生！ 4つの数字で10をつくる遊び、「10パズル」が穴うめ式に進化しました。その名も、「10パズルPrime」、略して『10ぷら！』。 新書判並製●690円＋税

かんたんデザート
なつかしくてあたらしい、白崎茶会のオーガニックレシピ

白崎裕子著

あまりのおいしさ、手軽さで話題を集める、画期的オーガニックスイーツレシピ、第二弾が登場！ 安全で簡単で、信じられないほどおいしい、ほかにはないスイーツレシピです。 A4判変並製●1500円＋税

引きうける生き方
誰かのために手をさしのべるということ

安田未知子著

82歳の今、老人病院の経営、高齢者のお世話で睡眠3時間ながら、毎日2時間の電話相談の日々。〝沖縄のマザーテレサ〟の人生を豊かにする教え。「ちゅい、たしき」（さあ、一人助けようか） 四六判並製●1400円＋税

若杉ばあちゃんの一汁一菜子育て法
子どもが本当にたくましく育つ食養の教え

若杉友子著

若杉ばあちゃんがお母さんに贈る、かんたんで安心の待望の子育てアドバイス！ 子どもの体力低下、低体温、アレルギーも食べ物次第！ 一汁一菜の穀物菜食で子どもは丈夫に育つ。 四六判並製●1400円＋税

大人の習い事シリーズI フラダンスのはじめ
伊藤彩子著

フラ人気、高まっています！ 何歳でも、太っていても、体がかたくても、大丈夫。「習ってみたいな……」を後押しする、知りたいことがすべてつまった、お役立ち本！ A5判並製●1400円＋税

90分でわかるアリストテレス
ポール・ストラザーン著／浅見昇吾訳

アリストテレスによって人々は地球の周りを太陽が回っていること、万物が土・空気・火・水でできあがっていることを信じることができた！ 90分でよくわかるシリーズ。 四六変判上製●[illegible]円＋税

ざっくばらんな性格で、よく先輩たちを呼び捨てにしていた。そんなことだから「先輩には言葉遣いをちゃんとしろ」と注意されるが、「冗談じゃない。どうせこの会社はつぶれるんだ」といい返す。東京飲料はそれぐらい分解寸前の会社だった。

そんな大変な労働環境であるうえに、「いつでも辞めなさい」とは、困った会社である。さすがに部下も、「社長が入社式に『いつでも辞めなさい』というスピーチは不適切なのでやめてください」と頼んだこともあった。

しかし、と武田は語る。

「結局、それは仁三郎社長の優しさだったんです。仕事はこれしかないと決めつけなくていいし、いやいや働いてまずい気持ちになったらお互い不幸だ。みんなで幸せになろうという理想を掲げていたので、誰にも悲しい思いをさせたくなかったんです」

当時の東京飲料は、小網商店とエクスポート社の2社からやってきた社員で構成されていた。出自の異なる面々は人のタイプもずいぶんと違っていた。さらに、当時のエクスポート社にいた日系二世たちは、その後東京飲料へ移籍すると、米国コカ・コーラの仕事を熟知していたせいか、東京飲料プロパーの上司となっていった。

ただ、「なぜか二世間はしっくりしておらず、連携が悪かった」と谷川はいう。だから、小網商店とエクスポート社という異質の集団、さらにそれぞれ考え方が違う人が集まっていたからこそ、この仁三郎のスピーチが必要になったのだ。

「とにかく、みんなで一緒にやろうや。いい会社になるよ」

想いは信念をもって相手に伝える

コカ・コーラは、規制に苦しんでいたときに自由化のための陳情をしていた。当時の農林大臣は河野一郎。業界団体から強い反対を受けた仁三郎は、河野のもとにコカ・コーラビジネスをやらせてほしいと何度もお願いに行った。コカ・コーラの自由化には、河野の働きが大きかったといわれる。

逆に、破瓶問題の際にコカ・コーラ販売の中核となるホームサイズ瓶が、行政により販売中止を余儀なくされた。当然、陳情に上がらなければならない。その相手は、河野一郎とは路線を異にする田中角栄通商産業大臣であった。実は、陳情が通るかどうかはコカ・コーラにとって極めて重要だった。

結果は、田中の「それ（ホームサイズの販売再開のこと）でいいじゃないか」という鶴の一声だった。これでホームサイズ販売は再開された。

仁三郎はそれまでとは路線の異なる政治家にも働きかけ、変わらぬ信念をもって説明し続けていたのだ。このように路線を問わず、信念をもって説明をすれば想いが通じるのである。「あの人はこれまでの経緯からお願いできない」などと考えず、みんなで幸せになろうとする仁三郎の姿勢が生かされたエピソードである。


経営者はビジョンを示し、常に社員に説明するようにといわれる。しかし社長は忙しくて、なかなか想いを伝えられないことが多い。実は、仁三郎は社員に語ったエピソードをあまりもたない経営者である。

仁三郎の甥の高梨一郎が入社した。一郎が仁三郎に挨拶に行った際、「そうか。人の倍働けよ。人の倍やって普通だよ」とだけいわれた。身内だから優遇されるということはなかったが、まわりの社員の目がどうしても身内の者には厳しくなる。だから、それに負けないように気遣ってくれたのか、と一郎は思った。

口数が少ないのが仁三郎だ。というよりも、仁三郎は口で示すというより仕事をすることで社員に想いを伝えていたのではないか。仁三郎が創業時に各方面に陳情しに回っていたころのことだ。

武田は語る。

「仁三郎社長は、陳情の意義やその仕事の大変さを社員に語りはしなかった」

しかし社員たちは、あくせく走り回る仁三郎の姿や、社長室に政治家、業界団体などが出入りしている光景を見ていた。だから現場の社員は、「仁三郎社長は苦労している」と感じていた。

武田もそんな一人だった。別に仁三郎から何かいわれたわけではない。しかし、汗を流して仕事をしている姿を見ているし、「上の方々はがんばっているよ」と先輩たちから聞いていた。社長も大変なのだから、営業活動にも打ち込むことができたわけだ。

だから、社長は社員にどんなメッセージを送るよりも、日々仕事をしっかりしているほうが想いは伝わるということなのだ。経営者は、社員たちが自分の考えを理解しようとしていないとき、社員への言葉よりも自分の仕事ぶりを見直すほうが有効かもしれない。

社員にはインセンティブを用意する

組合活動は、エクスポート社時代から製造部門関係者が主体となって行動していた。営業部門は業務が多忙を極め、組合活動に対して積極的とはいえなかった。

組合の代表者だった小林昭夫は語る。

「仁三郎社長と直接交渉したことはありません。遠い場所で『いいだろう』とか『もう少し考えてやろう』といった姿勢でした。その程度だったわけです。やはり普通のサラリーマン社長とは違うわけです」

73年、石油危機で東京コカ・コーラが初めてマイナス成長となった。そこで団体交渉が行われた。事務レベルでの折衝に仁三郎は顔を見せず、その場には五郎常務がいた。

組合の活動は、春闘と年末一時金である。とはいえ仁三郎は、「一緒にやっていこう」というスタンスなので、組合との交渉で直接なにかしたわけではない。

製造部門関係には、エクスポート社時代からの名残で組合員が多かったが、営業部門は少なかった。それは、営業部門には小網商店出身者が多く、自由化にともない売上高倍々ゲームを繰り返しており、忙しくて組合運動ができなかったためである。

会社全体で100万ケースごとに前年の売上実績を上回った場合、営業には100ケース積み上げると5000円の祝い金が出ていた。月給が2万5000円から3万円の時代の話である。だから営業マンは金銭的にはめぐまれていた。コミッションが付き、目標を越えるとレギュラーコミッション以上のオーバーコミッションが支給された。営業マンに残業代は出ないが、売上に応じて増える方式なのである。

一方、製造は機械を24時間動かさないと需要に追いつかないため、夜間手当など労働組合でやらなければならない問題があった。要求にどこまで応えられるのか、しっかりと見定めなければならない。このようなテーマの解決には、たいてい五郎常務があたっていた。

これに対し仁三郎は、

「がんばっているんだから、もう少し考えてやらなきゃ」

といって昇給させていくタイプだった。ある年の春闘で、組合の幹部が仁三郎の車に乗り込んで昇給を直談判したことがある。仁三郎はその場で、

「みんながんばっているんだから、上げるように経営幹部に助言しておこう」

と答えたエピソードがあるほどだ。実際、社員への対応について、谷川は次のように語る。

「アメリカでは、ライバル会社同士が批判しあうCMを放映するほど敵対しています。しかし、仁三郎社長はライバルに対抗して敵愾心で売ることはありませんでした。社員に対しても、きつい態度はとりませんでした。ハッパをかけることもありません。そもそも『売上がいくらだから来年いくらにしろ』みたいな指示などはなかったです。いつも私たちに『よくやってるな』といってくれました」

このように労働争議が少なかったのは、もともとコカ・コーラにしっかりとした報酬体系があり、そのなかに「ご褒美」もあったからだ。しっかりと業績を上げた者にはしっかりした報酬で応えていた。

仁三郎や五郎の信念も、社員の働きに大きく影響していたはずだが、本来のアメリカ式のインセンティブを用意するというシステムによる影響も大きい。当時マネジャーには、毎月の給与のほかに成績に準じて格別のインセンティブが支給された。

成績評価はすべて配下のセールスマンの販売実績で決まる。支給額はワンランクごとに大きな差があった。そのためマネジャーは上位を目指すべくしのぎを削った。

谷川は語る。

「いかにセールスマンの目標意識、やる気を発揮させるか腐心しました。モチベーションの持続力が不可欠でした。マネジャーによっては月ごとに労をねぎらい、『次もがんばってくれ』とインセンティブを惜しむことなく大いに活用しました」

とにかくみんなで一緒にやろう！

仁三郎は、常に退職後の社員のことを気にしていた。好調な業績が続く60年代後半から非上場企業だった東京コカ・コーラの給与は、一部上場企業に比べても遜色のないものとなった。仁三郎にとっては、社員にいい生活をさせることが重要だった。

仁三郎には常々口にしていたセリフがある。

「退職後の社員の暮らしはどうだ？」

退職した後も社員のことを気にかけていたのだ。

71年には念願の厚生年金基金を立ち上げ、のちに支給額を増額した。非上場で中規模だった会社が、ここまで企業年金を手厚くするのは異例のことである。

利益が出たら保養所などに使う。しかし景気が悪くなれば売り払って年金の原資にする。人に温かい企業風土は、仁三郎が築いたものだ。企業年金や持ち家とセットになった財形貯蓄制度など福利厚生を充実させたのは、「社員の喜ぶことをしたい」という強い想いだった。

そして、それは「とにかく、みんなで一緒にやろうや」の精神にもとづくものだ。一緒にやれば社員との団結が生まれ、困難にも立ち向かえる。

仁三郎には次のような言葉がある。

「強い商品をもっているわれわれは強い自信で団結し、どんな難局にも体当たりをしていく気概をもつこと」

「みんなで一緒にやろう」とは、社員への姿勢だけではない。取引先だけでもない。そんなエピソードとしてＰＨＰと仁三郎とのつながりがある。

ＰＨＰ研究所は月刊誌『ＰＨＰ』を発行している。ＰＨＰとは「Peace and Happiness through Prosperity」（繁栄によって平和と幸福を）の頭文字をとった語である。松下幸之助がその理想の実現のために、46年11月につくった会社である。

公益財団法人松下政経塾の佐野尚見理事長は、若いころＰＨＰの営業活動にあたっていた。ある日、東京コカ・コーラを訪問する機会があった。飛び込み営業である。追い出されるのを覚悟しながら仁三郎にＰＨＰの理念を説明し、購読の話をもちかける。

仁三郎は、まさかの返事をする。

「いいものだ。2万5000冊買おうじゃないか」

これには佐野も驚いた。追い出されるのではないかと思っていたところ、驚きの大量購入だ。それだけではない。仁三郎は金庫から大金をもってきて、ひょいと佐野に手渡した。

仁三郎はコカ・コーラ関係者に、その『ＰＨＰ』を配布した。仁三郎の理念を大切にする姿勢と松下の理念に通い合うものがあったのだろう。

後日談であるが、このこともあってかＰＨＰ本社に置かれている自販機はすべてコカ・コーラである。ＰＨＰとしては、恩義に報いたといったところだろう。

谷川は語る。

「多くの人とかかわっていることを考えなければならない。仁三郎社長は多くの人と出会い、多くの人に働きかけ続けた。その結果が、清涼飲料５兆円市場というものです。次の世代につなげていきたいと思います」

社内外を問わず若い人を育てる

「若い根っこの会」は、上京してきた若者を精神面で支える「根っこ運動」を行っている。会長の加藤日出男は、若いころに家を飛び出して、農民作家を目指した経歴をもつ。あるとき東京コカ・コーラに若い女性が飛び込んできて、会のすばらしさを熱く語った。

この話が仁三郎の耳に届き、ぜひ会おうという話になった。加藤会長が数日後、仁三郎と対面し、「美しい花を見ても、根っこを考える人はいません」といった。これをいい言葉だと思った仁三郎は、この会をサポートするようになった。

あるとき、孤児院で育った佐竹という人が仁三郎のもとを訪れた。そこで佐竹は、「国は義務教育だけはしてくれる。しかし義務教育だけでは惜しい人間がいる。高校に行ったらうんと活躍できる人間がいる」といって、仁三郎に高校進学支援の相談をもちかける。

仁三郎は「高校へやってください」とすんなり承諾し、その孤児院から3人を高校に進学させた。みなとても勉強ができる子だった。

これを聞きつけた神奈川県の孤児院が、こぞって仁三郎のもとに寄ってきて「神奈川県下の高校進学のご協力をお願いします」という。仁三郎は「やっちゃえ」といって、十数名の高校進学を支援した。

その後、孤児院から「表彰したい」という旨の手紙が届いたが、「表彰されるためにやってるんじゃない」といって仁三郎は式典には行かなかった。

ある日、個人の方から「もうお金は出していただかなくて結構です」といわれた。その理由を聞くと、神奈川県の動きを見て、国が高校進学の支援金を出すことになったという。

仁三郎は、当時を回顧していた。

「これだけの能力があるいい子に、金を出さないでおくというのはよくない。もっと早く国が支援するべきでした」

懐の深さがうかがい知れるが、自慢話ではない。本来育てるべき優秀な人材が埋もれてしまうことはよくないという戒めであろう。

このことは、普通の人は本当に困っている人に気づきにくいことを示唆している。人はみな忙しくて、そこまで見ていられない。だから「最近の若い者は」と思ってしまう。そんな私たちは、若い人をしっかりと見て育て上げようとしているだろうか。「みんなで幸せになろう」という考えは、若い人にも向けられている。

コカ・コーラグループの奨学制度の卒業生へのスピーチとして、仁三郎は次のような言葉を送っている。

「働かないで幸せな人生は得られない。のらりくらりの人生を送るより、自分の能力ギリギリに挑戦する人生を選ぶことでこそ幸福が得られる。ただし、健康にだけは気をつけて、悔いのない人生を送ってください」

この奨学制度は社会への利益還元、奉仕活動の一環として66年度から実施しているもので、2016年3月の卒業生で合計2541名が巣立っている。これからの日本は、これら若い人が中心になって発展していかなければならない。

仁三郎は、こう語っていた。

「私も残された人生を大切にして、今後とも会社のため、コカ・コーラ事業のため、社会のために精一杯働き続けたい」

仁三郎社長は取引先も大事にしていた。取引先の福利厚生のために、消費者となる酒屋やパン屋のためにファミリー会をつくろうとしたこともある。社員だけでなく、慈善活動に絞るわけでもなく、取引先もないがしろにしない姿勢が、ここに表れている。

多くの人と会って対等に向き合う

人を大切にする経営者の姿勢は「運」にもつながる。運がいい人と悪い人がいる。それ自体は、常日頃の人間関係によるものだ。仁三郎はどんな人とも会った。誰からも好かれた。それは相手がどんな人でも態度を変えなかったからだ。

幸運はそれらのご縁から生まれ、不運に対してはそれらのご縁のあった方々が助けてくれた。だからこそ、コカ・コーラビジネスの奇跡的な成功を収めることができたのである。

仁三郎はどんな人だったのか。谷川は50周年記念誌『さわやかさを拓いて』を開き、仁三郎が会社の運動会で赤ちゃんをだっこしている写真を見せる。キャプションには「ファミリー運動会での高梨社長（84年）」とある。

「小さい子がいても、社長だったら相手にしないか、せいぜい頭をなでて終わるところ。でも、仁三郎社長は笑顔でだっこしている。これが仁三郎社長なんです。どんな人とも真正面からしっかりと向き合ったんです」

仁三郎がいう「どんな人にでも会いますよ」の一言は、ポーズではない。しかも単に会うだけではない。どんな人とも真正面からしっかり向き合ったから、あらゆる困難を乗り切れてきた。

人とどうやって付き合っていくか、という問題は難しい。どうしても自分とは合わない人と仕事をしなければならないこともある。無理難題をいう上司、指示を守らない部下もいるかもしれない。

そのときに、「この人と真正面からしっかり向き合っているだろうか」と自問してみるとよいだろう。そのことで新しい道が生まれる。そんな仁三郎が後年、コカ・コーラのシステムに関して、企業は一人ではない、多くの人によって成り立っていると語っている。

「企業の永続は、その存在する地域社会の協力なくしては困難である」

「多くの人による企業が永続するためには、世の中の人々の同意、好感なくしてはあり得ない」

これが仁三郎の信念だった。だからビジネスを行っていく際には、多くの人と向き合うことが大事なのだ。

第5章◉戦略家仁三郎の巧妙な作戦

仁三郎は「みんなで幸せになろう」という素晴らしい信念をもっていた。とはいえ、唱えているだけで幸せになれるわけでもない。

仁三郎がその信念をビジネスの現場で形にしていくために、何をしたのか。それがあったからこそ信念が実現し、信念があったからこそそれがうまく機能したのだ。

本書は仁三郎の想いを伝えるものだが、これまで明かされてこなかった仁三郎の一面を説明することも目的の一つである。

感覚よりデータで先を読む

トップの感覚は経営には極めて重要だ。その感覚次第で成功した事業はたくさんある。ただ、コカ・コーラ導入に関していえば、どうもその逆である。仁三郎は自分の舌より情報を重視したからこそ、コカ・コーラビジネスを始めたのだ。

武田は語る。

「仁三郎社長は、飲んでみておいしかったからコカ・コーラを導入しようとしたのではありません。社長にはマーケットニーズの読みがあったのです。日本がどう変わって何が売れていくのか。そういったことを小網商店時代に、何が、どういうやり方で、どれだけ売れるのかという眼力をつけていました」

仁三郎の先見性は、データにもとづくものである。実は当時、コカ・コーラは世界制覇戦略の最中にあった。そもそもエクスポート社は世界展開を見据えた会社で、仁三郎と出会った47年には、70カ国に販売していた。

仁三郎は、その事実を知ってからコカ・コーラに取りつかれる。世界進出に力を入れている企業だから、事業をしようとなると支援が得られるはずで、その利益を得られると考えたわけである。

また、仁三郎は食生活の変化にも敏感だった。当時の日本人は「アメリカ人はコカ・コーラを飲むが、あれはアメリカ人が肉食で、そういった食事に合う飲み物だからだ。さっぱりとした味付けの多い和食を食べている日本人には、コカ・コーラは合わない」ぐらいに考えていた。

しかし、ほどなくして食の西洋化が進み、それに伴ってコカ・コーラが売れていった。

この時代の変化も、仁三郎は自分の直観というよりもデータで知っていたのだろう。小網商店という問屋として、どういった商品が売れるようになって、どういった商品が低迷していったのかも、わかっていたはずだ。そのなかで、いくつもの事業を行っている。

「コカ・コーラに熱中したこと、その前後に設立した日本船舶食品（設立52年）、ナポリアイスクリーム（53年）、東京畜産（56年）、岩手畜産公社（56年）などの過剰投資が負担となって、小網商店の経営が急速に悪化した。これらの投資は、いずれも将来有望との見通しの上に立ってのものではあったが、この時点で採算のとれるものはほとんどなかった」

これらの商品は、その時点では不採算事業だったが、確実に先を読んでいた。アイスクリームも食肉も消費量が増えていった。もしこのとき資金ショートを起こさないでいれば、小網商店は国内最大の卸売業者になっていたかもしれない。

タイミングは事業にいちばん大切

仁三郎は、タイミングを見る人物でもある。「何のビジネスをやるか」「どのようにやるか」も重要だが、それを「いつやるか」が極めて重要なポイントになる。タイミングがあるから計画が成り立つ。しっかりした計算が仁三郎にはあった。

コカ・コーラに取りつかれた仁三郎は、自分の手で日本に導入し広めようと考えはしたが、すぐに行動を起こそうとしたわけではない。

当時は戦後まもなくで、食べるものをはじめ物不足で、インフレが高進していた時代。だから、当面は小網商店をいかに再建するかを優先した。売る商品がないため問屋としての仕事もなく、唯一のパンの製造販売も、原料の配給が少なく、軌道に乗らなかった。

仁三郎はいう。

「コカ・コーラのことは常に脳裏から離れなかったが、実際手をつけるには、タイミングを待つより仕方なかった」

本来なら手をつけてよかったはずだ。すぐに事業を買う買わないの話になるばかりではないし、コカ・コーラと先約を結んでおくのも手だったはずだ。だから行動力や先見性のすごさが見られるが、こういうところに仁三郎の慎重さや機をうかがう戦略性が見て取れる。その後、統制が解かれ始めて買い手市場になり、次のような気づきをしている。

「卸業務だけに依存していては、将来、問屋業は大変なことになる。早く来たるべき時代に備える必要性を痛感した」

買う側が強くなれば、小売店の力が強くなる。メーカーは大きく構え続ける。そうなると問屋だけが間に挟まれ、利益が損なわれていく。

仁三郎は、世の中がどのように変わっていくのかを見据えたうえで、コカ・コーラビジネスに手を伸ばしたのだ。卸業務だけではいけないからコカ・コーラビジネスを手がけたという面もあるが、それが後押しになった面もあるのではないか。

つまり、もし卸業務だけで採算が十分にとれるなら、コカ・コーラ以外の選択をしていたこともありうる。なぜなら、仁三郎はコカ・コーラという商品ではなく、ビジネスのシステムに注目していたからである。

採算が合う時期を仁三郎は見当をつけていたが、実際には、輸入許可が遅れたことで予定通りにはいかなかった。ただ、それは仁三郎のミスではなさそうだ。

当時を知る武田は、実は仁三郎が渡米する前には、すぐにコカ・コーラビジネスができるように、行政が仁三郎に約束をしていたと語る。だから、仁三郎はアトランタから販売権を獲得すれば、すぐにスタートできるだろうと期待していたわけだ。

その後、エクスポート社から販売権を勝ち取り、仁三郎は意気揚々と帰国したが、コカ・コーラ担当の行政官が別件で問題を起こし追放されてしまった。当然コカ・コーラビジネスの規制は撤廃されないままとなり、一気に暗礁に乗り上げたわけである。

その後に起きた重要な出来事は、仁三郎の小網商店社長辞任である。この辞任はどういうものであったのかを見ると、次の興味深い点が浮かび上がる。

第一に、輸入が遅れたから採算が合わないことが本人にもわかっていたということ。

第二に、専念すれば5年で黒字になるということ。

コカ・コーラ事業に専念して4年後の61年に、赤字は解消していた。だから仁三郎の計算は現実のものとなったのだ。

もし、仁三郎が何も考えずにコカ・コーラを導入していたとしたら、社長辞任の時点でコカ・コーラ事業は頓挫していたはずだ。しかし、現実には小網商店の社長を辞めてでもコカ・コーラにこだわった。

その後、山本為三郎から株式を譲れといわれたときに、いくらかイロをつけて売っておけば小網商店の経営状態は回復できたはずだ。しかし、実際には仁三郎は売却を拒否している。コカ・コーラを捨てて別の事業を始めることもできたはずだ。しかし、大切な美術コレクションも売ったばかりで金もなかったはずなのに、コカ・コーラは捨てていない。仁三郎は頑としてコカ・コーラ事業を手放さなかった。しかも、仁三郎に代わって社長になった弟の伝左衛門（三男賢三郎）でさえも株式売却を拒否している。

これは、コカ・コーラが始まれば利益が出ることを、小網商店の重役はみんな知っていたからではないか。仁三郎の社長辞任は、とりあえず小網商店を存続させるためのポーズであったと考えるとすべてのつじつまが合う。それは、これらの推察が的外れではないからかもしれない。

デメリット覚悟で営業体制を変える

仁三郎はコカ・コーラでとどまるような男ではなかった。今の日本のコカ・コーラの自販機では、缶コーヒー、お茶などいろいろ売っている。しかし、そもそもコカ・コーラビジネスは「コカ・コーラ以外は売るな」という伝統をもっていた。

仁三郎は「これからの日本のコカ・コーラは、コカ・コーラひとつだけではない。『トータル・ソフトドリンク・カンパニー』になっていく」といっていた。だからアトランタと意見がかみ合わないこともあった。

しかし、仁三郎が考えた消費者の欲しいものをつくる「トータル・ソフトドリンク・カンパニー」の考えは、結果的に日本市場で正しかったと判断せざるを得ない。日本コカ・コーラの佐藤は「柔軟なものの考え方ができる方だった」と仁三郎を語る。

柔軟なものの考え方でヒットした代表格がジョージアだ。それまでの欧米の常識では、コーヒーは熱く、各自がミルクやシュガーを入れるものだった。そんなところに日本の缶コーヒーは、冷たくてミルクと砂糖がすでに入っている甘い飲み物。欧米の常識では考えられない代物だ。日本人としてみれば、冷やしたラーメンが缶のなかに入ったようなものだろうか。

売れるはずのないものを売らせろと主張する仁三郎は、アトランタから追放寸前になった。だが、結果として売れた。もともとコーヒー文化がさほど浸透していない日本では、UCC、ダイドー、ポッカがすでに缶コーヒーを製造販売し成果を上げていた。冬場の利益のために導入されたジョージアは、その後缶コーヒーの頂上にも立つ。

ものに対する柔軟な考えができる。これが仁三郎だ。他の人ならば「アメリカでは缶コーヒーなど飲まないから、日本でうまくいくわけない」というところだ。

東京コカ・コーラは、70年代に商品の幅を増やした。ドクターペッパー、スプライト、HI-C、トレッカコーヒー（現在のジョージアコーヒー）など、現在のコカ・コーラ商品のだいたいがこの時期に出そろう。

多様化する消費者の好みに合わせて、たくさんの商品を出していかないと、ライバルにシェアを奪われてしまう。「コカ・コーラはワンオブゼム。新しいことに挑戦しなければだめだよ」と仁三郎が語ったのはのちのことだが、その心はこの時代にも見いだされる。

だが、新商品投入となっても72年の5350万ケースをピークに、76年には3423万ケースへと減少。コカ・コーラはピンチに立たされた。

仁三郎は負けず嫌いだ。そこで諦めるわけはない。営業体制を見直す。コカ・コーラの営業は、1人の営業マンがエリア内を巡回して、商品の受注、配送、陳列、販促といったすべての仕事をする。創業以来、これはしばらく変わることがなかった。

これが変わるのが77年の「プリセリング」導入時である。簡単にいうと、事前に注文をもらって配送するものだ。このやり方だと、その場で現金をやりとりする利便性が失われるものだった。

商品の種類が増えると、1日の販売数量を予測するのが難しくなる。トラックに商品を積んで店をまわっていくうちに足りなくなることもある。そうすると営業所に引き返して足りない分を補充し、また店に行くという時間の浪費が起こる。

さらに、当時は空き瓶も回収していたのだが、商品が増えたのでトラックに空き瓶を収納するスペースがなくなった。そこで、空き瓶を回収できず店先に置いたままになることも起こった。

店からすれば、その場で現金払いで商品が置かれるという利便性がなくなるわけで、現場の営業マンが説得のため大変な思いをしたこともある。

だから、取引先とトラブルを起こしてまでプリセリングをしなくてもいいのではないかという声も出てくる。一時期、試験的に行ったプリセリングを「中止せよ」という指示がどこからともなく下りてくることもあった。

しかし仁三郎は、プリセリングの導入を頑として譲らなかった。74年のオイルショックで東京コカ・コーラボトリングがよそのボトラーに販売量で負けたことがあった。そこで営業体制を一新したのがプリセリングだったのだ。

この改革で、それまで数値管理が主な仕事だった販売主任が、現場に出ていって知恵を絞らなければならなくなる。それは競争に打ち勝つためには必要なことだった。

時代に合わせて変えるべきところは変える

「みんなで幸せになろう」ということは、現場から上がってきた声をそのまま受けることではない。時に自分の理論にこだわって改革を進めなければならないこともある。

仁三郎は次のように語る。

「幸い、会社は時代に後押しされて成長してきた。だが、経営環境はいつも順調とは限らず、どこでどう変わるかもしれない。若い人たちはもっと知恵を絞って、新しいことに挑んでもらいたいね。私の願いだよ」

この言葉にあるように、80年代のコカ・コーラは新規事業を展開していった。ニックス・ステーションというソフトドリンクと書籍、レンタルビデオを一緒に扱った店舗をオープンさせたり、主婦にダイレクトメールを安く配布する事業を行ったり、テレホンカードを展開したりした。

仁三郎のもとでテレホンカードなどの新規事業に携わった下村光男は、この新しいことに挑む社風に育てられ、かつて50周年記念誌『さわやかさを拓いて』で、次のように語った。

「決められた枠組みのなかで事業を進めるのとは違い、たえず新規事業を模索することで、考えながら何かを生み出す習慣が身についたと思う。その経験は生きている」

さらに新しい取り組みを展開していった仁三郎の後継者圭二は、差別化できる提案力として、90年に改革を実行した。従来の経営慣行を壊しながら新しいことを提案していくわけだが、多くの反対に遭った。しかし圭二はこれを強力に推し進める。

「市場は急速に動いている。その変化に合わせて、仕事の進め方やしくみも変えないといけない。会社には守るべきこともあるが、時代に合わせて変えるべきところは変えることも大事ではないか」

仁三郎の信念は、圭二にも受け継がれていた。

時代は変わっていく。それはコカ・コーラビジネスだけではない。私たちが置かれているビジネス環境は、変化し続けている。そのようななかで、守るところと変えるところを見極めるのは難しい。それを実行するのはさらに難しい。

だから私たちは、どうしていいかわからなくなることがある。そんなときに仁三郎たちが示しているのは、変わることへの信念なのだ。

「いい人」だけであってはいけない

これまでの説明では、仁三郎の人のよさばかりが目立つが、それだけの人間ではない。最も古い時代の小網商店を知る武田は、仁三郎を「頭のいい人だよ」と語る。

そんな仁三郎を物語る、美術品に関するエピソードがある。武田が仁三郎から社長室に掲げられた絵の値段がいくらかを聞かれたことがあった。武田にはわからない。だから、さっそく正解がいくらなのかを聞いた。

仁三郎が答える。

「8000万円だ。ただ、私は8000万円では買わない」

つまり本来の価値そのままの値段で買うわけではなく、交渉で値切るなりするということだ。

仁三郎の「頭のいい人」のエピソードはこれだけではない。成長を遂げた東京コカ・コーラでは、自社株を社員に分けるかどうかが議題になったことがある。しかし、経営権が分散するのを仁三郎がいやがったため、なかなか進展しない。そんなある日の懇親会で、仁三郎の右腕だった久住が仁三郎に尋ねる。

「自社株を社員に分けるという話が出てから、だいぶたっています。そろそろ分けてやってもいいのではないでしょうか」

久住は仁三郎に迫った。アルコールの入った懇親会の場は、仁三郎に「YES」といわせるチャンスだった。しかし久住は、「きっと仁三郎はまた適当なことをいってはぐらかすか、拒否するはずだ」と予測した。それなら勢いでいわせてしまおうと構えた。

ところが仁三郎は、あっさり「うん。いいよ」と即答する。久住は肩透かしをくらったようだが、一安心と引き下がった。

しかしその後、自社株が社員に配られたことはなかった。仁三郎は久住の性格を見抜いて、うまいこと株を渡さないことに成功したのだ。つまり、戦略家であった。

武田はいう。

「もし久住さんが迫ったのが五郎常務だったとしたら、最初から拒否して仲たがいしていたでしょう。五郎常務は嘘をつけない人だから、本当のことをそのままいってしまう。仁三郎社長だったからその場は『いいよ』といって、実際はやらない。相手を見てすり抜けるのが仁三郎社長らしいんです」

身内の社員に対してでさえこんな調子なのだから、ライバル企業にけしかけることだって当然している。

相手を受け入れて仕事をやらせる

武田によれば、仁三郎社長は、騙されたからといって復讐してやるというような人ではなかった。しかし、仁三郎は競争をしかけられて、そのままにしているような人物でもない。何かあったときに、「いいよ、いいよ」といっていれば競争相手にやられてしまい、自社の経営に影響するからだ。だから、なにかしらの行動は起こしている。

64年に、ペプシが470ミリのファミリーサイズのコーラを打ち出してきた。これは、自由化後ということではあったが協約違反である。コカ・コーラは、本件について農林省に抗議するも、今回の件は追認されてしまった。

当時、コカ・コーラの販売量はペプシ・コーラの10倍ほどだった。そんな圧倒的な状況ではあったが、佐藤登はペプシのファミリーサイズボトル投入に危機感を覚えた。

それは、テキサス州でのコカ・コーラ敗戦の記憶があるからだ。テキサス州は圧倒的にコカ・コーラの強い地域だった。あるとき、ペプシが大型の16オンス瓶を投入してきた。優勢だったコカ・コーラ側は、「ペプシがなにかやってきた」程度に思っており、なにも対策をとらなかった。

すると、大型瓶はレギュラーサイズよりもお得になる設定だったので、次々と売れていった。コカ・コーラが優勢だったダラス、ヒューストンなどテキサス州の勢力図はペプシが優勢になってしまった。

テキサスのコカ・コーラ側も大型瓶で対抗しようという意見が出てきたときでも、なぜ劣勢のペプシの真似をする必要があるのか、大型瓶をつくろうとすると多額のコストがかかるではないか、などの反対意見が相次いだ。ペプシが大型瓶をリリースしてわずか3年で、テキサス州はペプシに塗り替えられてしまった。

だから日本もテキサスのようになってはいけないと、佐藤は各ボトラーに大型瓶をつくるように指示を出そうとした。しかし、日本のボトラー協会は反対し、頓挫する。

大型瓶をつくることは工程の手直し程度ですむものではなかったため、ボトラーには負担が大きかったのだ。原液を売るだけの日本コカ・コーラがボトラーに負担を負わせる提案をするとはなにごとか、というわけである。

このままでは、日本市場はペプシに飲まれる。危機感を覚えた佐藤は、仁三郎を訪ねる。しかし、「金をかけさせておいて原液を売るのか?」と仁三郎も冷ややかだった。

佐藤はテキサスの逆転劇を説明した。このままでは3年で、日本市場をペプシが席巻する。

とはいえ仁三郎だってボトラーだ。理解してくれるかどうかはわからない。

激論の末、仁三郎は「よし、ボトラーの説得はおれがやる！」といった。仁三郎は感情よりも理論を優先する男だ。だから、コカ・コーラ最大のピンチをボトラーのなかでただ一人理解したのだ。

しかし仁三郎もやり手だ。続けざまに仁三郎は佐藤に大きな宿題を出す。「ただし、ボトラーへの支援は佐藤がやれ」と。つまり日本コカ・コーラの上司であるエクスポート社とアトランタのカンパニーを説得しろということだ。

コカ・コーラの歴史で、この両社がボトラーに特別の支援を行ったことはない。カンパニーはエクスポート社を通じて、原液を販売することでボトラーと対等な関係を築いてきたことが、ビジネスのうまみだった。だからボトラーには原液にタッチさせないというルールがあった。

佐藤は悩んだ。アトランタを説得できるだろうか。そもそもロバーツのもつ権力はどの程度のものなのか。

しかし佐藤はやるしかなかった。ここでロバーツやアトランタを説得できなければ、3年後に日本はペプシのものになり、日本市場での敗北がその後の世界戦略にも尾を引く。なにより仁三郎と約束したのだ。

仁三郎は他のボトラーの関係者と違っていた。絶対的に有利な環境にいながら、普通の人なら気が付かない、突然心臓に突き付けられるナイフを察知したのだ。「日本には日本のやり方がある」とボトラーたちはいい張ったが、買ってくれる人があって成長するのだ。それを仁三郎はわかってくれた。だからそれに応えなければならない。

結果として佐藤の説得が実って、日本コカ・コーラはボトラーに対して、大型瓶用の原液についてぐっと低くした価格設定で販売した。つまり、リベートである。これはボトラーに原液をタッチさせないコカ・コーラの歴史のなかで初めての出来事である。

ペプシより量の多い500ミリのホームサイズを、ペプシと同じ値段で売り出して対抗しようというわけだ。

もちろん反対意見も出た。なぜ真似るのか、なぜ新しい投資をしなければならないのか。これらの意見に対して、仁三郎は次のように説明した。

「アメリカの例もあり、同じ轍を踏まないためにも、同じ瓶で対抗する必要がある。大事なことは、消費者サイドに立って考えることだ」

このようにしてリリースされたコカ・コーラの大型瓶は、「ホームサイズ」と呼ばれた。

純粋な英語にはない和製英語だ。ペプシのファミリーサイズと同じ価格で量が多く入っている瓶で販売した。これによりシェアが奪われることなく、コカ・コーラは不動の地位を築いた。

その後、この大型瓶によってコカ・コーラの販売高は大きくなっていった。仁三郎の東京コカ・コーラも大型瓶によって潤うことになった。

仁三郎はモノマネといわれようと、ホームサイズの投入についてボトラーを説得した。これが大ヒットし、コカ・コーラの成長が加速する。

佐藤は、「すごいよ。あの人は天才ですよ！」という。いろんなリーダーシップがあるが、仁三郎のすごいところは柔軟なリーダーシップをとっていくことだ。つまり仁三郎は相手を受け入れることで、相手に仕事をさせるのだ。「お前がそういうなら、こっちはそれをやる。だからそっちもこれをやれ」という。目標を達成するための天才的な判断力があった。

世界のコカ・コーラビジネスのノウハウを、日本の柔軟な判断力で成功させていったのが仁三郎だ。

仁三郎は、佐藤の協力も含め、膨大な量の情報を得ていたことが推察される。大型瓶が遅れると負けてしまうことが読めていたのだ。そして、負けないためにはどんな批判があろうと、意思決定し実行していく信念があった。

事業を買うのではなく相手に売らせる

仁三郎の人物を象徴するのが、前に触れたエクスポート社で声を荒らげたエピソードである。仁三郎は負けず嫌いであり、常に日本人の能力を信じていた。アメリカを代表する飲み物は、日本人としての誇りをもった仁三郎によって日本に普及したのである。このことは疑うべくもない。

しかし考えてみると、このエピソードは仁三郎の人生のなかでは非常に異質だ。仁三郎が声を荒らげたことが公開されているのは、この場面だけである。仁三郎は、どれだけ反対や妨害を受けてもやり返さず、「みんなで幸せになろう」といってコカ・コーラと業界の発展に臨んだ。

その結果が、コカ・コーラの圧倒的なシェア獲得である。コカ・コーラ関係者も声をそろえて懐の深さを語るばかりで、同様に声を大きくして何かいったということはないという。なぜ、仁三郎はアメリカで声を荒らげたのか。コカ・コーラで日本が幸せになると考えていたならば、いちいちコカ・コーラのトップにたてつかなくてもいいはずだ。波風を立てず静かに販売権を得て、粛々とビジネスをすればいいだけの話だ。

日本人としての信念があったからといえばそうだろうが、それにしてはこのエピソードだけ浮いている。当時の状況を分析すると、このエピソードは別の意味をもってくる。

アメリカのザ コカ・コーラカンパニーの目線で見れば、日本におけるコカ・コーラ事業の本格的な開始は45年である。近畿大学の多田和美准教授の説明では、日本に駐留するアメリカ軍に販売するためにエクスポート社の日本支社を設立したことが、その始まりとされている。

52年にかけて、シロップ製造工場、炭酸ガス製造工場、そして全国6カ所にボトリング工場が設立され、コカ・コーラの国内生産体制が整備された。

しかしそれ以降、コカ・コーラの販売量は減少する。53年には229万ケースだった年間販売量は、54年には84万ケース、55年には68万ケースとなった。これを受けてエクスポート日本支社は、6カ所のボトリング工場を2カ所に集約している。

つまり、アメリカ本社の日本向け事業が傾きつつあるときに、仁三郎が権利を取得したわけだ。売上が下がりつつあるときに事業を買ってくれる人が現れるというのは助け船だった。

日本人向けに販売が許可されていないコカ・コーラを、日本人の仁三郎ならなんとかしてくれるかもしれない。なんとかならなくても事業を買ってくれるわけだから、アメリカ本社には痛手がないということだ。

その意味で仁三郎は、実はかなり強気でアメリカに挑んだのではないか。しっかりとした情報をもとに状況を分析し、こちらが優勢だと確信していたから、率直な思いをぶちまけることができた。

公開されている仁三郎のエピソードのなかで、怒りの感情が示されているのはこのエピソードだけだ。そう考えたほうが自然である。

相手の出方を読み切ってしたたかに出る

仁三郎はアメリカ本社との交渉では優勢を確信していた、という仮説を支持する文書がある。東京コカ・コーラボトリング25周年記念誌『さわやか25年』でのニコルソンに対する台詞である。

「あんた方が全部焼いてしまって、何も残らなかったのだ。しかし、日本人はバイタリティをもっているし、これからもあんた方の援助があろうから、以前よりもよくなる。このことに関して自分は少しも疑いをもっていない」

この「援助がある」と示されているのがこの冊子の特徴で、後の『私のアルバム』や50周年記念誌には出てこないくだりである。

最初の「あんた方」はアメリカ軍、アメリカ政府、あるいはアメリカ人全体ともとれる。ただ、コカ・コーラ社と置き換えても通じる。米軍に「コカ・コーラの供給が減ると飲酒量も減るので納品させてください」といったのはコカ・コーラ社だからだ。だから、シェアをとることができたわけだ。

そう見ると、「あんた方の援助」とは、「コカ・コーラ社が日本での事業を援助するのが当然」という仁三郎の傲慢な一面とも読みとれる。もちろん「あんた方」をアメリカ政府と考えても、援助が来るので日本はよくなるという主張は、「焼いてしまって何も残らなかった」から援助するのは当然という立場を相殺する論法でさえある。

そして、それぐらいのことをいい返すことのできる人物であるとアピールすることにも成功していることになる。

こう見ると、みんなの幸せを願う「夢の村の村長」のような穏やかな人というよりは、かなりしたたかな戦略・戦術をもって交渉に挑む人物像が浮かび上がる。ただ、その場合でも、「みんなで幸せになろう」という信念があってのことだ。

無難な道より思いきったやり方に挑戦

もう一つ、創業時の議論として、大規模経営方式をとるかどうかという問題があった。一つの大きな会社を立ち上げ、その会社が広範なエリアを管轄するのが大規模経営方式である。世界進出において、次々とあらゆる国にボトラー契約を結んでいったコカ・コーラだが、実は「一つの町に一つのボトラー」という小規模経営方式をとっていた。

当時アメリカには、人口2億人に対し800社のボトラーがあった。ヨーロッパ展開でもほぼ同様である。日本では人口約1億に対して多いときで17のボトラーだから、その少なさがわかる。

大規模経営方式は、エクスポート日本支社の提案である。大量生産することで製造コストを削減できる。日本の実情に合わせたやり方だからというわけだ。

佐藤登は、日本コカ・コーラから見た日本市場での勝利を説明する。その第一の要因として、大量生産できる工場を早々と設置していったことがあげられる。

では、売れるかどうかわからないものに、なぜお金のかかる工場設備を整えることができたのか。それはコカ・コーラの計画の立て方にある。

日本のそれまでの計画の進め方は、例えば小さく事業を始めて1年目に100個売れたとする。すると2年目は、もう少し売れるだろうと考えて120個の計画を立てる。こうすれば無難に商売を続けていくことが可能だ。

しかしコカ・コーラはそうはしない。コカ・コーラは販売できるエリアを指定されている。だから、そのエリアの人口に合わせて販売量が決められる。例えば1年目は3人に1人が飲む、2年目は2人に1人が飲む、といった具合である。

この場合、人口30万人の都市であれば1年目は10万、2年目は15万生産することになる。そうなると、いきなり工場をつくってでもそれに合わせようということになる。

東京に進出する以前のボトラーは、人口50万～60万人程度の都市を相手にしていた。東京という大都市でボトラーをやろうというのは、これまでにない大規模フランチャイズ構想だ。そこに手を挙げてきたのが髙梨仁三郎だったというわけである。

コカ・コーラにとっては従来にない試みなので、これまでにない人にまかせないといけない。そんななかで仁三郎がアトランタで声を荒らげた「日本は必ず復興する」は、日本が一斉に復興するという市場の特殊性をアピールするのに一定の役割を果たしただろう。

だから日本は世界の趨勢とは異なり、大規模経営でいったほうがよいとする読みはあたり、その結果、日本に大規模なボトラーができ、それぞれがビジネスとして成長していった。ヨーロッパのように小規模なら、世界に類を見ないボトラーになることなどなかったはずだ。その成長ぶりはすさまじく、仁三郎が「日本における創業の父」と評されるに至るわけである。

成功の条件は「信頼」と「戦略」

高梨仁三郎は、現場よりも理論を重視した。それはどういうことなのか。現場を軽視していたのか。であるとすれば、「みんなで幸せになろう」などは単なるお題目にすぎないのか。実際は、そうではない。

小林昭夫は次のように語っている。

「仁三郎社長は、現場をまわらないで部下にまかせていました。それは信頼していたということです」

仁三郎にあったのは包容力だ。現場を軽視していたのではない。まかせていたのだ。まかせることで、自分はさらに会社がよくなるように戦略を練っていた。

なにより理論を重んじた仁三郎。その姿は、コカ・コーラに携わるものすべてが幸せになれるように考え抜いたものであった。現場に五郎をおいて徹底的に業務にあたらせたのも興味深い点である。

「みんなで幸せになろう」だけで幸せになれるわけはない。そのためには高度な戦略が必要である。とはいえ戦略だけではただの策士だ。社会を変えるリーダーにはなれない。信頼と戦略。このふたつをあわせもつことが、成功者の要件となるのだろう。

第6章◉「みんなで幸せになろう」の実現

仁三郎が89歳で亡くなったのは93年1月。前年の日本における清涼飲料市場は約3兆円。コカ・コーラも清涼飲料業界も大成功をおさめているのがわかっているのに、病床で朦朧としながら「金、金がいる。すぐ会社へ行く」といっていた。コカ・コーラ事業が軌道に乗らず苦しかったときの重圧だ。

ビジネスで大成功し、日本人の生活様式まで変えた巨人ではあるが、どんな人だったのか。その人物像をもう少し見ていこう。

オリンピック市場より大切な想い

64年の東京オリンピックでは、代々木営業所を開設して対応するほどだったが、仁三郎はオリンピックを主目的にビジネスを始めたわけではないようだ。

谷川は次のように語る。

「仁三郎社長は、オリンピックが来るから創業したということはありません。そんな思いがあれば、もっと社員にしゃべっています。純粋に、日本にコカ・コーラを根付かせたいと考える人でした」

しかし、オリンピックが来るとなれば、それは一大イベント。そもそもザ コカ・コーラ カンパニーは、長期にわたってオリンピックのスポンサーになっている。東京コカ・コーラでは、聖火リレーが来るというので聖火歓迎キャンペーンをボトラー各社で行い、各中継点でコカ・コーラを提供した。このことでボトラー間の連携につなげた。

競技場の内外には飲食店が出店したので、関連する店にはコカ・コーラとファンタを置いてまわる営業をした。こうした努力が、日本市場におけるコカ・コーラのその後の成長につながった。

いよいよ2020年にふたたび東京にオリンピックが来る。当時、東京をかけまわった東京コカ・コーラの先輩たちは、どんな気持ちで見るのだろう。

そしてオリンピックよりも大切にしていた仁三郎の想いとはどんなものだったのだろう。

人への想いを会社に植え込む

経営理念が大事だというと、批判する人がいる。「理念など業績向上の役に立たない。理念が立派でも会社が傾いたら意味がない。そんなことより営業のやり方など実践的なことを考えるべきだ……」といったところだ。

経営理念はツールではない。創業者の想い・信念だから、そんなものを業績向上に結びつけるのはおかしいのかもしれない。しかし仁三郎を見ると、東京コカ・コーラでは、理念がしっかりしているからこそ強いツールとなっていると思われる。だから、ここでは「ツールとしての理念」という邪道な視点で展開してみる。

困難な状況で業績が上がらないのは、経営理念に問題があるのかもしれない、と思わせるエピソードがある。まずは東京コカ・コーラの創業の想い、経営理念、行動指針から見ていこう。

・髙梨仁三郎のことば

これからの世は人に喜びを与え、一緒に幸福になることで生きていければ、それがいちばんいい。それはできると私は思う。だからそれをやろう。一緒にそれをやろう（1頁参照）。

・創業の想い

人に喜びを与え、一緒に幸福になろう。

・経営理念

私たち東京コカ・コーラグループは、人と人との絆を大切に、あらゆるシーンでさわやかさを演出し、うるおいのあるくらしづくりに貢献します。

・行動指針

私たちは、お客様の立場になって、自ら工夫し素早く行動します。

私たちは、もてる力をフルに燃やし、粘り強く可能性に挑戦します。

私たちは、互いを尊重し熱き心で語り合い、活力ある職場をつくります。

私たちは、地域社会と環境に気を配り、感謝の心で尽くします。


文面だけではどこにでもありそうな経営理念だが、とくに人を大切にした内容となっていることがわかる。


理念は社会を変える。しっかりとした理念があれば、その理念にもとづき社員がしっかりと仕事をして、その仕事の成果として社会が変わっていくということだ。

コカ・コーラ事業の前後で社会がどれだけ変わったか。思いつくまま3つ並べてみよう。

第一に、日本人の口には合わないと思われていたコーラが一般的な飲み物になった。

第二に、清涼飲料業界という大きな業界ができた。

第三に、直接販売、現金取引によって商慣習が変わった。

大きな変化をもたらした原因を一言でいえば、コカ・コーラの社員がしっかりと営業をしたからということである。

理念が商慣習を変える

「みんなで幸せになろう」という仁三郎の信念はそれまでの商慣習を変えた。コカ・コーラをいよいよ日本で販売するというときに、仁三郎は日本飲料から東京コカ・コーラに佐藤登を呼んだ。コカ・コーラの販売方法を東京コカ・コーラに導入するためである。目指したのは「現金取引」と「定価販売」で、日本にはなかったものだ。

まず、「現金取引」である。コカ・コーラが日本人の口に合わないころの話とはいえ、新商品となれば手に取る人はいるし、その魅力が理解されていく。事実として売れていくわけだ。そして、すべてが現金取引だから確実にキャッシュを確保することができる。

しかし、現場ではいくつもの困難にぶちあたった。コカ・コーラは黒くてネガティブなイメージの飲み物として敬遠され、酒屋に置いてくれるとなっても、「現金取引です」というと、たいがい断られてしまう。

当時は、商品の受け渡しが行われた日から1~2カ月後に支払うやり方が普通だった。それは、後で必ず払うという約束がしっかり果たされていたから成り立っていたわけで、逆にいえば日本経済が信用で成り立っていたことの証左でもある。

酒屋は、伝統を背景に掛け以外の取引を好むわけがない。当時としては、現金取引のほうが常識外れの取引方法だった。しかも、その土地で100年は商売しているのが地元の酒屋なわけである。後で支払うという従来の日本の商慣習は、お互いの信用があって成立していたのである。

「コカ・コーラは現金で取引することになっていますので、現金で支払ってください」ということは、当時の老舗酒屋にしてみれば「あなたには信用がないので現金で払ってください」といわれているようなものである。100年の伝統を一気に踏みにじられたようなものだから、コカ・コーラ社員はよく怒鳴られた。

現金取引に関してプロレスラー、力道山をめぐるエピソードがある。力道山はコカ・コーラのファンだった。そんな力道山は赤坂にクラブ・リキという店をもっていた。この店で売られていたコーラはライバル社のものだ。なぜか。

コカ・コーラの営業マンが何度も力道山に取引をお願いに行き、やっと取引してもらえることになった。コカ・コーラの営業マンが支払いを「現金」でお願いしたところ問題が起きた。力道山が「この俺が信用できないのか」と立腹し、取引が白紙になったのだ。

力道山との取引は残念だったが、コカ・コーラの営業マンはへこたれない。断られてからセールスは始まる。コカ・コーラがいつでもどこでも飲める市場へとローラー作戦を展開した。それが市場を刺激し、業界全体が活性化されていった。コカ・コーラが売れるようになるにつれて現金取引が容易になった。

谷川は語る。

「コカ・コーラの販売システムは、ルートセールスといって担当エリアが明確に区分されています。エリア内の営業責任はすべて負うのです。当然、担当営業マンは業績を上げるために、酒屋に限らずあらゆる店舗に売り込みました」

問屋制度の時代、直接販売方式は常識を逸した革新的な販売方法であった。地域に密着した古くからの酒屋は、酒、飲料、その他食品の御用聞き・配達を中心とした販売を一手にやっていた。

酒屋はコカ・コーラの販売方法に「商売の邪魔をする」と怒り、抵抗した。取引を拒み、販売を中止する店も少なからずあった。

谷川は当時を語る。

「『酒屋さんだけの販売力で全需要をカバーできますか？　あらゆる箇所で飲まれ

ることで需要が喚起され消費が拡大します。愛飲者が増せば必ず注文が増えます。そこで酒屋の配達の強みがいかされ、売上増に結び付きます』と説得し続けました。当時、快く納得する店はごくわずかでした。納得されるようになったのは数年たってからです」

次に「定価販売」である。コカ・コーラには、値引きをしないという鉄則があった。当時は掛け売りの商慣習の時代で、1ケースだけでも大量購入でも同一価格・現金取引であった。当然クレームや反発は免れなかった。

仁三郎のことば「人に喜びを与え、一緒に幸福になろう」に沿って谷川は説明する。

「値引きをすれば必ず価格競争になります。それは他の商品の事例から明白です。値引きして、大量に購入して、さらに値引きをすれば、自分の店も値引きに追い込まれます。せっかくの値引きの分も吐き出すことになります。常に他店の動静に神経を使うだけです――。社長はそういっていました。現在はスーパー全盛で安売りオンパレード。昔をしのぶと隔世の感があります」

つまり値下げすると、みんなが困るというわけである。今ではそれほどめずらしくない定価販売も、当時は理解を得るのに大変な努力が必要だった。そこでは、この新しい販売方法を店に理解してもらうために、「みんなで幸せになろう」という信念が最も重要な役割を果たしていた。

理念・想いでものごとを動かす

コカ・コーラは売ることの難しい商品だった。まず、商品自体がネガティブなものである。戦後まもなくの日本では、炭酸飲料といえばサイダーのような透明でさわやかなイメージだ。独特の風味のある黒い炭酸飲料は、当時の日本人には受け入れられにくいものだった。

仁三郎が「薬くささ」を感じ、谷川が飲み残したほどだった。「コカ・コーラです。商品を置いてください」といって試飲させると、断られるものだったのだ。

それだけ売るのが難しかったが、仁三郎の「みんなで幸せになろう」という信念によって成功へと導かれた。

重要なことは、これを続けたことだ。どれだけ立派な理念を打ち立てても、ビジネスはそんな簡単には運ばない。何度も怒鳴られ追い払われる。「二度と来るな！」と塩をまかれる。

体力的にもつらい。去っていった社員もいる。それがコカ・コーラビジネスだった。

ライバル会社の市場を奪えというミッションが発せられたことがある。ライバル会社が仕切っていた平和島競艇場に後出しで入っていったときのこと。業者を替えてくれというのは、単純な開拓ではない。折衝につぐ折衝で泥水を飲む思いで販売権を取った。平和島競艇場の「東京コカ・コーラ杯」の背後には、このような苦労があった。

コカ・コーラが市場に浸透し、その販売方法も理解されるようになった65年ごろからは営業先から怒られなくなった。逆にいえば、コカ・コーラは長きにわたって商品としても取引にしても受け入れられなかったということだ。

東京コカ・コーラでは、全社員が仕事を通じて成長していった。それは未知の仕事を全員で力を合わせて行おうとするものだったからである。仁三郎は、人材育成に力を入れ続けたのだ。

ほかにも、65年からのファンタグレープの色素問題や破瓶事故による販売自粛問題、缶製品の需要急増に伴う空缶公害問題など、コカ・コーラは様々な問題に見舞われる。東京コカ・コーラだけががんばったところで、解決できないことが多く現れるようになったのだ。しかも、それらはかなり長期間にわたって日本のコカ・コーラ産業全体に影響していた。

問題はエリアとしても東京だけにとどまらないため、ボトラー全体のことと捉えた仁三郎は、67年に日本全国のボトラー16社（翌年17社）共通の諸問題に対処するため、日本コカ・コーラボトラーズ協会を設立する。

仁三郎は次のように語っている。

「私は会長に就任したが、理事長には日銀政策委員で輸出入銀行理事であった山本菊一郎さん、専務理事に高松国税局長などを歴任した河村尚平さん（現理事長）を迎えた。山本さんとは、小網商店時代に麦酒卸売酒販組合中央会の理事長をやっていたとき以来の知り合いでもあり、どうせお願いするなら私より偉い人を据えたかった」

本来ならば、真っ先に困難に立ち向かったボトラーとしてのプライドから、自分がトップに立つところだろう。しかし仁三郎は違った。あくまで「みんなで幸せになろう」の信念にもとづき、外から人を入れながら業界の発展を優先させたわけだ。

ただ、このボトラーズ協会には日本コカ・コーラも参加。その窓口となったのが佐藤登だ。佐藤によれば、日本全国をカバーするボトラー企業体をつくることが仁三郎の願いだったという。仁三郎自身にまったくリーダーシップがなかったわけではない。資金もなく東京で手一杯だった仁三郎は、協会をつくることで全国のボトラーの動きを合わせたかったのだろう。東京だけではなく、あくまで全国のコカ・コーラボトラーを考え抜いたものであるが、同時に仁三郎を中心として、みんなの力で全国を動かせるという信念をもっていた。

「みんなで幸せになろう」という想いは、多くの困難をはねのけてコカ・コーラを一大ブランドに仕立てた。人の想いが人を動かす。人が動き、社会が動くのだ。

すべては沖縄の幸せのために

仁三郎のコカ・コーラビジネスは東京だけではない。沖縄コカ・コーラボトリングも仁三郎の手によるものだ。沖縄は、72年の日本返還までアメリカの統治下だった。だから沖縄のコカ・コーラの歴史は日本の他のボトラーとは大きく異なっている。

戦後、エクスポート社が日本に支社をつくっているが、少し遅れて沖縄支社もつくっていた。51年に国際商事合名会社が米軍以外の民間への販売を始めるが、これは東京コカ・コーラの57年より早い。

56年にエクスポート社の沖縄支社のマネジャーだったマチェットが工場を買い取って10年間の販売契約を交わし、沖縄ソフトドリンクス合名会社を設立した。

しかし、沖縄での販売活動は思うように進まなかった。コカ・コーラは当時の沖縄の風土に合わず、いまひとつ成長にかけるところがあった。こうしたなか、マチェットの10年の販売契約期間が終わる66年を迎えた。

伸び悩む沖縄のコカ・コーラを発展させる力をもつのは誰か。このとき白羽の矢が立ったのが仁三郎だった。幾多の修羅場をくぐり抜け、東京での成功をおさめた仁三郎なら、沖縄のコカ・コーラを発展させられるはずだ。そんな期待をもとに仁三郎に打診があった。

仁三郎は、日本本土とは異なる沖縄の状況を調査し、考え抜いた末、沖縄ソフトドリンクスを受け継ぐことを決めた。沖縄ソフトドリンクスの初代総支配人となったのは、仁三郎が派遣した前田明だ。前田が当時を振り返る。

「沖縄はなかなかうまくいきませんでした。組合活動などもあって、日本コカ・コーラのロバーツが仁三郎社長に打診したのです。仁三郎社長も沖縄視察に行きました。で、だれがやるかという話になるのですが、みんな『島流しになるからいやだ』というのです」

当時は東京コカ・コーラが売上をどんどん伸ばした時代。東京を離れたくなかった。そんなある日、仁三郎から「前田、おまえ久住と一緒に沖縄を見てこい」といわれた前田は66年3月に沖縄を視察する。東京とくらべると道も舗装されておらず、設備も劣化している。しかし、それだけではなかった。

前田は5月に沖縄ソフトドリンクスの総支配人になる。戦争の経験から日本本土の人に恨みがあったのか、会社に行っても全然口をきいてくれない。「おはよう」「お疲れ」といったあいさつ程度にも反応はなかった。

実は、仁三郎は前田の総支配人着任より前に、「こんど前田という人間をよこすから、お前たちがしてもらいたいことがあったら、なんでもやってくれるから頼むよ」と沖縄ソフトドリンクス側に伝えていた。

それでも挨拶さえしてもらえなかったのだから、よほどのことだ。しかし、前田は現地の人のなかに入っていき、仕事を進めていった。沖縄の仲間を幸せにするためである。

なにからなにまで前田がやらなければならなかった。現場はトタン屋根に穴が開いており、雨が降ったら雨漏り、ハブも入ってくる状態だ。そこで前田は、環境整備に現場監督、図面描きもした。本土でヒットしたホームサイズの沖縄導入も、前田の仕事によるものだ。こうした努力の甲斐もあり、沖縄コカ・コーラの業績は伸びていく。

前田はなぜここまでできたのか。

仁三郎が前田を沖縄に行かせる前に語った言葉がある。

「儲けとか数量だとかは考えなくていい。とにかく同じ仲間として幸せになるようにおまえにまかせる。一切口出ししない。おまえのいいようにやっていいから、幸せになるようにやれよ」

仁三郎はわかっていた。前田は人のなかに入っていくことができる人物であり、幸せにすることのできる人物だと。仁三郎の言葉どおり、前田は高価な機械を入れるときにも、東京には連絡せずに進めた。その結果、業績を伸ばした。経営者の真剣な哲学は部下にしっかり伝わり、成果を出すものだ。

68年、仁三郎は沖縄ソフトドリンクスから事業を受け継ぐため、2月に沖縄飲料㈱を設立、3月に沖縄コカ・コーラボトリング㈱に改称し、正式に17番目のボトラーとした。

沖縄コカ・コーラでは現在でも、みんなで幸せになる仁三郎の哲学が生きている。

コカ・コーラはワンオブゼムである

84年の創業25周年記念式典で髙梨仁三郎は、ザ コカ・コーラカンパニーから「日本におけるコカ・コーラ創業の父」と表彰された。そもそもアメリカのコカ・コーラ事業は、売れそうだから事業主が替わるというものだった。これに対して仁三郎は、「売れなさそうなときに事業をしてきた」わけである。実際に売れなくて苦しみ続けたが、最終的には大成功させた。まさに創業の父である。

そして87年、創業30周年を迎えた東京コカ・コーラは、不動産事業も含めた総合都市生活産業グループとして生きていく道を示した。

当時、業績が思うように上がらず、どうしていったらいいかわからない状況が続いていた。社内の調査では、ビジョンが必要だったと分析されている。つまり新しい挑戦が会社に必要とされていたということである。

小網商店時代からコカ・コーラビジネスを行ってきた仁三郎は、それにともなうビジネスチャンスを探っていた。仁三郎にとっては「みんなで幸せになる」ことが重要なわけで、そのためにコカ・コーラが重要だったとしても、コカ・コーラだけで幸せになろうとしたわけではない。

仁三郎はいう。

「コカ・コーラはあくまでもワンオブゼムである。思いつくことは、なんでもやったらいい。君たちも知恵を出して、もっと汗を流しなさい」

しかし問題がある。ボトラーアグリーメントという日本コカ・コーラとの約束事があった。ボトラーが新規事業を展開することは禁じられているのだ。しかし新事業を禁止されると困る。

ちょうどアトランタの本社から、「業績が低迷しているようだから資本注入させてほしい」という話が来ていた。資本注入とは、お金を出すから経営する権利の一部をくれということだ。つまり新事業封じの一面もあった。

そこで考えたのが、新会社の設立である。「東京コカ・コーラボトリング」は、「東京飲料」という子会社をつくった。91年12月1日に東京コカ・コーラボトリングはコカ・コーラ事業を東京飲料に移し、商号を「丸仁」に変更した。コカ・コーラ事業を受け継いだ東京飲料は、称号を東京コカ・コーラボトリングへと変更した。

複雑な構造だが、わかりやすくいうとコカ・コーラ事業だけを行う会社をつくり、不動産などの事業は丸仁で行うということである。現在でも丸仁は、丸仁ホールディングスとして物流施設、マンション、オフィス、商業施設の不動産を展開するのみならず、沖縄のコカ・コーラ事業、リゾートホテルなども取り扱っている。

仁三郎を、単にアトランタにあるコカ・コーラ本社の手足とみなすのは適切ではない。「みんなで幸せになろう」という想いで活躍してきた男だ。コカ・コーラはそのための手段であって、守銭奴になるためのものではない。

だから仁三郎はニコルソンにも声を荒らげることができたし、本社の意向に合わせて新事業を捨てることはしなかった。それほどの男だったから、困難な状況でも日本でのコカ・コーラビジネスを始めることができたのだ。

仕事ばかりの人間であってはいけない

仁三郎は、たぐいまれな商才を発揮してコカ・コーラに全身全霊をささげたが、実はアマチュアとしては3本の指に入る美術品コレクターだった。美の世界は、ビジネスの世界、数の世界とは異なる。

仁三郎は次のように語る。

「日常生活の中には二つの面をもつことが望ましい。一つは、数の上に立てられたもので、他の一つは数から解放された生活である。むろん今の時代に、数を度外視して生活はできないが、ただ数にだけとらわれ、一生を送りたくはないものである。例えば日曜日の朝、部屋に花が一輪飾ってあって、ああ美しいなと思う瞬間があってよいと思う。仕事のほかに、もう一つの世界をもつこと、そのことがビジネスの場で忍耐力とも活力ともなり、人生をより楽しいものにすることを悟ったのである」

仁三郎は長い闘病生活の間に、古い中国の陶器に接することがあり、そのときに受けた感銘は大きかった。そこから美術鑑賞の世界に引き入れられた。最初は陶器類を手がけ、やがて殷時代の美術品にまでさかのぼるコレクターとなった。中国の焼き物、日本の古美術など、研究を重ねた仁三郎は語る。

「心の広がり――仕事と同時に人生にはもう一つの世界があることを見いだした」

仁三郎は、日本の価値や日本人の可能性を信じていた。それは古美術コレクションにも表れている。

占領後の日本では、GHQによって財産税納付制度が敷かれ、資産階級は高額の納税を強いられた。手もちの資金では足りず、美術品を売って税金を納めなければならなくなる。こうして文化価値の高い美術品が市中に出回り、優れた美術品が海外に流れていく。

それに対抗したのが仁三郎である。重要文化財、国宝級の美術品を買いあさる。銀行からお金を借りて買ったことさえある。それが小網商店が傾く原因ともなり、あるときは五島慶太へのお祝いとして譲り、それが小網商店とコカ・コーラ事業を救うことにもなった。

仁三郎は次男坊だから好き勝手ができたという面がある。だからコカ・コーラという珍しい事業を行うようにもなり、古美術コレクターになったともみられる。

仁三郎が美を追求していたことは、公益財団法人髙梨学術奨励基金の設立にも表れている。この基金は、埋蔵文化財の保存と研究調査に対する助成、海外における日本人学者の考古学的研究調査に対する助成といった事業を展開している。

また囲碁5段の仁三郎は将棋にも長けていた。日本コカ・コーラの佐藤は、久住や五郎と将棋をすることがあった。五郎は仁三郎に「兄貴、佐藤と打つと手が悪くなるぞ（佐藤は将棋が下手なので下手なのがうつるよ、という意味）」といって佐藤をからかったことがある。

佐藤は仁三郎に誘われて昼食をともにしたり、その後遊びに誘われたりすることもあった。仁三郎は「仕事だけの人間」ではなかったのだ。

諦めない姿勢を次の世代に伝える

仁三郎は病床で時々、「金、金がいる。すぐ会社へ行く」と朦朧としながら口走っていた。それはコカ・コーラ事業が軌道に乗らず苦しかった小網商店時代のことだろうと、ジャーナリストの宮本惇夫は語る。

93年1月16日早朝、仁三郎は89年の人生を全うした。東京コカ・コーラを子の圭二に託してわずか1年後のことである。

通夜密葬は、仁三郎が住む鎌倉の覚園寺で行われた。覚園寺は地蔵堂、薬師如来像など文化財が多く、仁三郎は生前から住職と懇意にしていた。墓地は生前に決めていた。

2月12日に青山葬儀場で社葬がとり行われた。葬儀委員長はザ コカ・コーラカンパニーのジョン・ハンター。外国人の葬儀委員長というのは、世界のコカ・コーラグループでも異例のことだ。それだけ仁三郎は、世界に広がるコカ・コーラグループのなかでも特別な存在だった。弔辞はハンター、日本コカ・コーラボトラーズ協会会長の山田泰三、財団法人根っこの家・若い根っこの会会長の加藤日出男の順。

高松宮杯全日本中学校英語弁論大会で親交のあった高円宮憲仁親王は、弔電で「日本の若人の英語教育に多大の貢献をされました」と功績をたたえた。参列者2500名、弔電は2000通にのぼった。

生前、病床で「会社に用がある」とずっといっていたことから、社葬後は芝浦本社に移し、会長室で遺族と経営陣に囲まれ、最後のひとときを過ごした。

日本でのコカ・コーラ事業の展開は、並大抵のことではなかった。そして「父」というだけあって、しっかりと社員や後継を育てていた。実に日本的なコカ・コーラのエピソードがある。

2006年11月12日、東京コカ・コーラ50周年記念式典が開催された。式典の冒頭、会場のスクリーンに高梨仁三郎の生前の映像が映し出される。その後、創業当時の復刻版のユニフォーム姿で現れた高梨圭二社長は、コカ・コーラの営業マンたちの創業初期の苦難を語った。

「消費者、顧客に商品の説明をし、試飲をしていただき、それでも何軒回っても上がらぬ売上。諦めて何人もの人が職場を去っていったと聞いています。それでもなんとかしてやるとがんばった先輩たちから、『断られてからが、われわれのほんとうの仕事なんだよ』という言葉を幾度も聞かされました。それがコカ・コーラ・スピリッツ。われわれがもっている伝統だと思います。

他のボトラーに先駆けてわれわれ東京コカ・コーラだけがもつ伝統を、もう一回思い起こして、諸先輩の想いを継承していかなければならないと、あらためて強く感じているところです」

日本におけるコカ・コーラは、圧倒的なブランド力で市場を開拓していったわけではない。本当は苦難の連続だったことが、仁三郎亡き後も引き続き語られている。その苦難の道をこれからも歩んでいくことができるからこそ、コカ・コーラは清涼飲料業界のトップを守り続けている。

先見性のある人は、人には理解されないものだ。その先見性のある人のもとで働くことは、顧客や取引先から受け入れられない、ということでもある。自分の存在価値が見失われそうなときに、コカ・コーラでは諦めない「コカ・コーラスピリッツ」が継承されていた。

その諦めない姿勢を貫く拠り所となったのは、「みんなで幸せになろう」という考え方だ。

仁三郎はコカ・コーラ導入の際に、業界団体や政府から反対され続けても、みんなで幸せになるんだと思い、事業を続けた。

仁三郎だけではない。日本でコカ・コーラの仕事に携わった人は、みんな苦しい思いをして現在のコカ・コーラブランドを築き、清涼飲料業界を発展させた。

「みんな」とは、仁三郎が生きていた時代に活躍したコカ・コーラ関係者だけではない。時代を超えた今でも、「みんなで幸せになろう」と考えて困難に立ち向かっている私たちも「みんな」なのだ。

私たちは、状況がいつ改善するかわからない、仲間が次々と去っていく、上司が何をいいたいのかわからない……など、よくない状況に見舞われることもある。そんなとき、目の前に仁三郎が突然現れたら、「みんなで幸せになろう」と声をかけてくれるだろう。そして諦めず、一歩でも前に進もうと動くことができたならば、これ以上素晴らしいことはない。

参考文献

『酒類食品人物シリーズ 私のアルバム』第1巻、日刊経済通信社編、日刊経済通信社、1985年
『さわやかさを拓いて』50周年記念事業推進プロジェクト社史編纂室編、東京コカ・コーラボトリング、2007年
『ビジネスの生成 清涼飲料の日本化』河野昭三著、文眞堂、2002年
『神話のマネジメント　コカ・コーラの経営史』河野昭三・村山貴俊著、まほろば書房、1997年
『経済学研究』第60巻第2号「日本コカ・コーラ社の製品開発活動と成果」多田和美著、北海道大学、2010年
『さわやか25年』東京コカ・コーラボトリング㈱社史編纂委員会編、東京コカ・コーラボトリング、1983年
『コカ・コーラ 叩き上げの復活経営』ネビル・イズデル著・関美和訳、早川書房、2012年
『コカ・コーラへの道』宮本惇夫著、かのう書房、1994年
『ビジネス・ダイナミックスの研究 戦後わが国の清涼飲料事業』村山貴俊著、まほろば書房、2007年

［監修］市川覚峯（いちかわ・かくほう）
1947年生まれ。産業能率大学研究員として大企業の指導を行い、㈱山城経営研究所に経営道フォーラムを創設し経営者教育を手がける。「日本人の美しい心の復興」という志を立て、高野山・比叡山・大峰山などで千二百日の荒行を重ね、下山後、日本的経営思想の復興・普及のために日本経営道協会を設立、2015年には日本が誇る企業家の思想を継承・発信するために一般社団法人企業家ミュージアムを設立し、代表理事として日々普及啓発の活動をしている。

［著者］太田 猛（おおた・たけし）
1948年生まれ。東京コカ・コーラボトリングに入社し、営業、企画開発などのプロジェクトを担当。その後、㈱エフブイ東京、ティー・アール・ベンディング・ネットワーク㈱、㈱ネオフレックス、アーバンベンディックスネットワーク㈱の社長を務め、その間に日本自動販売協会幹部も経験するなど、コカ・コーラと清涼飲料全体の拡販業務に携わる。その後、日本経営道協会、企業家ミュージアムの常務理事として理念経営の普及活動をしている。

［執筆・編集協力］小野瀬 拡（おのせ・ひろむ） 駒澤大学経営学部教授

〈内容問合せ先〉
一般社団法人企業家ミュージアム TEL.03-5256-7500
〒101-0021 東京都千代田区外神田2-2-19 丸和ビル2F
ホームページ　http://www.csm.or.jp/

コカ・コーラで5兆円市場を創った男
「黒いジュース」を日本一にした怪物 高梨仁三郎

2017年1月31日　第1版第1刷発行

監　修　市川覚峯
著　者　太田 猛
発行者　玉越直人
発行所　WAVE出版
〒102-0074 東京都千代田区九段南4-7-15
TEL 03-3261-3713　FAX 03-3261-3823
振替 00100-7-366376
info@wave-publishers.co.jp
http://www.wave-publishers.co.jp/
印刷所　シナノ パブリッシング プレス

ISBN978-4-86621-047-6 NDC335 183p 19cm